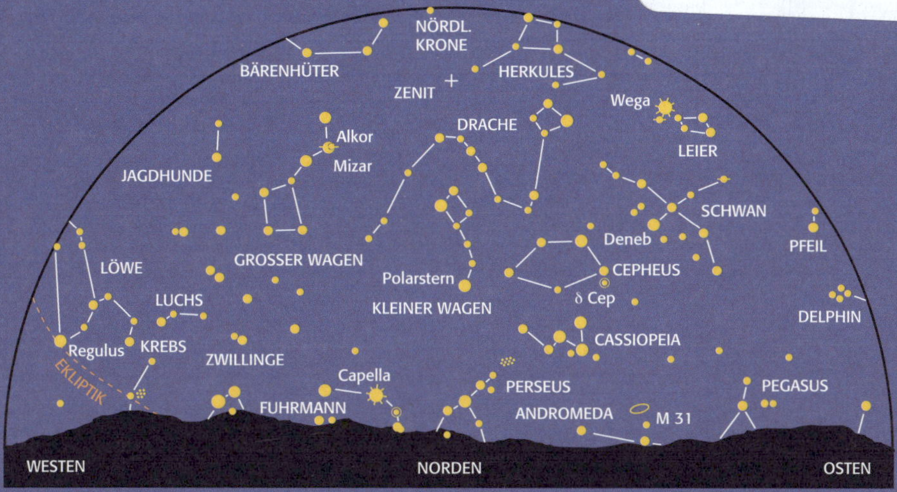

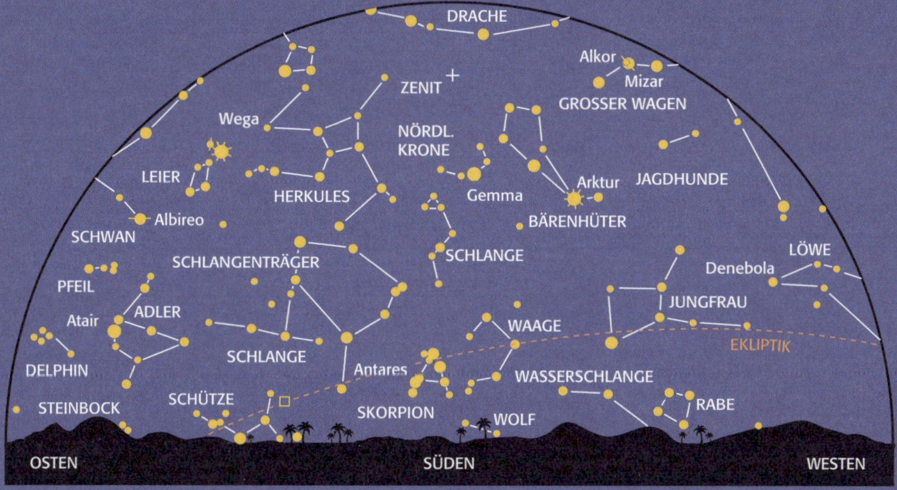

Sternhimmel im Juni
(15. Juni, 22 Uhr)

Faszinierende

Astronomie

Lehrbuch für die Sekundarstufe I

Herausgegeben von
Prof. Dr. Dieter B. Herrmann

DUDEN PAETEC Schulbuchverlag
Berlin · Frankfurt a. M.

Herausgeber
Prof. Dr. Dieter B. Herrmann

Autoren
Dietmar Fürst
Prof. Dr. Dieter B. Herrmann
Prof. Dr. Lothar Meyer
Dr. Oliver Schwarz

1. Auflage
1 5 4 3 2 | 2009 2008 2007 2006 2005

Alle Drucke dieser Auflage können im Unterricht nebeneinander genutzt werden.
Die letzte Zahl bezeichnet das Jahr dieses Druckes.

Internet: www.duden-paetec.de

Redaktion Prof. Dr. Lothar Meyer
Gesamtgestaltung Britta Scharffenberg
Layout und Zeichnungen Dr. Zlatko Enev, Nina Geist, Gabriele Lattke, Britta Scharffenberg
Druck Druckerei zu Altenburg GmbH

ISBN 3-89517-692-3

Inhaltsverzeichnis

1 Einführung in die Astronomie

Seit den ältesten Tagen der Geschichte beobachten Menschen den gestirnten Himmel. Das rätselhafte flimmernde Gewölbe über ihnen erfüllte sie mit Staunen, Bewunderung und vielen Fragen.
Erst allmählich begannen die Menschen die Gestirne systematisch zu beobachten und nach Erklärungen für die Phänomene des Firmaments zu suchen. So entstand als eine der ältesten Naturwissenschaften die Astronomie.

1.1 Astronomie gestern und heute

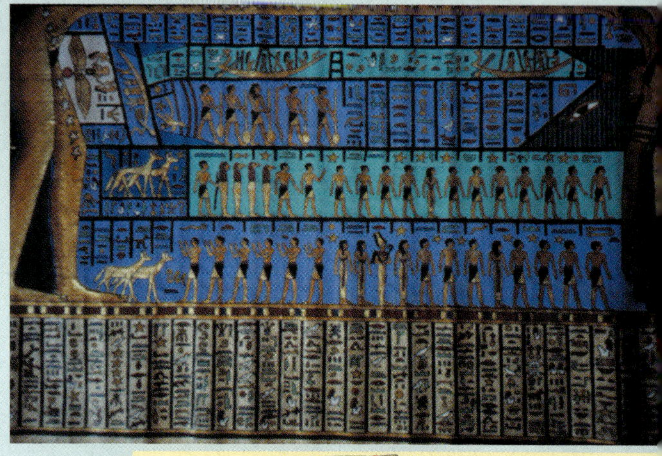

Weit und klar wölbte sich der Himmel über den ersten Hochkulturen der Menschheit im Zweistromland von Euphrat und Tigris, am Delta des Nils und in den Niederungen des Huanghe. Das sorgfältige Betrachten der Erscheinungen des Firmaments führte bald zu ersten Erkenntnissen. So entdeckte der Mensch schon sehr früh die keineswegs selbstverständliche Tatsache, dass die Sonne, die abends unter dem Horizont versinkt und die gleißend helle Scheibe, die morgens emporsteigt, ein und dasselbe Gestirn sind. Im alten Ägypten wird diese Einsicht in Zusammenhang mit der hochverehrten Himmelsgöttin Nut gebracht, die jeden Morgen die Sonne gebiert und sie jeden Abend wieder verschlingt. Das Bild zeigt die Göttin Nut in einer historischen Darstellung.

Auch Sterne und Mond – so lehrten es die Beobachtungen – stiegen empor, bewegten sich über das Firmament, erreichten im Süden ihren höchsten Stand über dem Horizont und versanken schließlich wieder. Damit kam die Ahnung auf, dass die Ebene, auf der die Menschen wandeln, nicht unbegrenzt sein kann. In der Folge entstanden sehr unterschiedliche Auffassungen über die Erde und den Weltraum, wie die abgebildete indische Darstellung zeigt. Auf einem See sollte eine Schildkröte schwimmen, auf der vier Elefanten standen. Diese vier Elefanten tragen die Erde, eine symmetrische Scheibe mit einem Berg im Mittelpunkt.

Weitere Einsichten drängten sich auf: Dass die Sonne im Sommer länger über dem Horizont verweilt als im Winter; dass die Gestalt des Mondes sich wandelt – von der schmalen Sichel am Abendhimmel bis zur vollen Scheibe und von da bis zur unsichtbaren Neumondphase; dass der Sternhimmel sich um einen immer gleichbleibenden festen Punkt bewegt, den Himmelspol; dass die Mehrzahl der Sterne ihre Stellung zueinander stets beibehält, einige wenige aber Bewegungen ausführen, dass es also Fixsterne (fix = fest) und Wandelsterne (Planeten) gibt. Doch von diesen einfachen Beobachtungen bis zum heutigen Verständnis des Universums war es ein sehr weiter Weg …

Die ältesten Zeugnisse sind Bauten

Es liegt in der Natur des Menschen, seine Umwelt erkunden und verstehen zu wollen. Doch es liegt auch in seinem Wesen, gewonnene Erkenntnisse für sein Leben zu nutzen.
Als der Mensch vor etwa 12000 Jahren damit begann, wild wachsende Pflanzen nicht einfach nur abzuernten und wild lebende Tiere nicht nur zu jagen, sondern geeignete Pflanzen gezielt anzubauen und Tiere zu züchten, vollzog sich ein tiefgreifender Wandel. Nun spielten die Termine für Aussaat und Ernte eine entscheidende Rolle. Die Beobachtungen der Wettererscheinungen und die regelmäßige Wiederkehr der Jahreszeiten gewannen erheblich an Bedeutung.
Da man die wirklichen Vorgänge im Zusammenhang mit Wetter, Aussaat, Wachstum und Reife nicht kannte, hielt man Gottheiten für die machtvollen Beherrscher aller lebenswichtigen Vorgänge. In den Riten der Steinzeitmenschen spielten nicht zufällig Erntefeste und Fruchtbarkeitszeremonien, Regengötter und Kornköniginnen eine dominierende Rolle.
Aus jenen fernen Tagen gibt es allerdings keine sehr zuverlässigen Aufzeichnungen. Jedoch finden wir an verschiedenen Orten der Erde rätselhaft anmutende Bauwerke, anderswo geheimnisvolle Grabgemälde mit Bilderzeichen, Hieroglyphen oder Keilschriften, deren sorgfältige Analyse es uns gestattet, Einblicke in das Sternenwissen unserer Vorfahren zu gewinnen.
Wohl am berühmtesten, aber keineswegs einzigartig ist die Steinsetzung von Stonehenge in Mittelengland, die von den dort ansässigen Menschen der Steinzeit vor etwa 4000 Jahren angelegt wurde und bis zum heutigen Tag eine Touristenattraktion ersten Grades darstellt (Bild 1).

1 Die berühmte Steinsetzung von Stonehenge in Mittelengland in ihrem heutigen Zustand. Die Skizze rechts zeigt, wie Stonehenge vermutlich einmal ausgesehen hat.

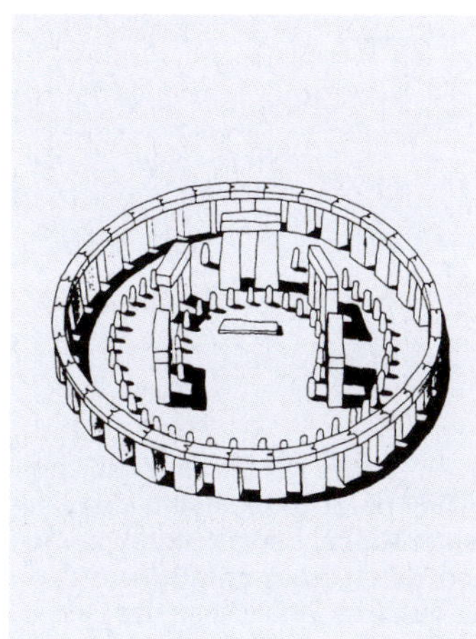

1 Der sogenannte Kalenderstein der Steinsetzung von Boitin in Mecklenburg

Auch in Deutschland hat man Steinsetzungen gefunden, z. B. unweit von Güstrow in Mecklenburg (Bild 1) oder in den Alpen.

Die ältesten Quellen über das astronomische Wissen in der Vorzeit sind uns nicht schriftlich überliefert, sondern existieren in Form von Steinsetzungen (Megalithbauten).

Die Wissenschaft hat zahlreiche Hypothesen über die Bedeutung dieser Bauten entwickelt. Wenn auch viele Details bis heute umstritten sind, so steht doch fest, dass die Art und Weise der Anordnung der einzelnen Teile auf sorgfältige Himmelsbeobachtungen der Menschen der damaligen Zeit schließen lässt. Sie wussten offenbar sehr genau, wo Sonne und Mond zu bestimmten Terminen des Jahres auf- und untergingen und haben diese Punkte dokumentiert.
Zumeist handelt es sich bei den Terminen, die bis heute in Stein bewahrt wurden, um die markanten Zeitpunkte des Beginns der Jahreszeiten, die auch im kultischen Leben der Menschen große Bedeutung besaßen.

Totenkult und Sternenlisten

In Ägypten herrschte vor Jahrtausenden die Gepflogenheit, reichen Toten das Rüstzeug für ihren weiten Weg ins Totenreich mit in das Grab zu legen (Bild 2). Dazu gehörten auch die Mittel zur Bestimmung der Zeit während der sonnenlosen Nachtstunden. Gerade daraus können wir ableiten, wie die Ägypter zu jener Zeit anhand des Sternhimmels die Jahreszeiten und sogar die Stunden der Nacht bestimmten.

2 Im Tal der Könige am westlichen Nilufer bei Luxor befinden sich zahlreiche Gräber bedeutender Pharaonen, deren Grabkammern uns wesentliche Einblicke in das Denken der alten Ägypter gewähren.

1 Ägyptische Priester beobachten den erstmaligen Morgenaufgang des Sterns Sirius, dem „Bringer der Nilschwemme“. Mit dem Frühaufgang des Sirius begann im ägyptischen Kalender das Jahr.

Der Zusammenhang zwischen den für die landwirtschaftliche Tätigkeit wichtigen Verrichtungen und bestimmten „Anzeigen“ der „himmlischen Uhr“ war ihnen wohlbekannt und wurde auch genutzt.
Da sich die Sonne während eines Jahres scheinbar um den gesamten Himmel bewegt, sind zu bestimmten Jahreszeiten und Tageszeiten nur bestimmte Sternbilder zu erkennen.
Bei den Ägyptern finden wir Listen von Sternen und Sternbildern – insgesamt 36, die als „Dekane“ bezeichnet und zur Bestimmung der Jahreszeit und der Nachtstunden benutzt wurden (Bild 2).
Besondere Beachtung genoss im alten Ägyptischen Reich der Hauptstern im Sternbild Großer Hund, der Sirius. Mit seiner erstmaligen Morgensichtbarkeit fiel nämlich die Überschwemmung des Nils zeitlich ungefähr zusammen (Bild 1). Die Nilschwemme war für die ägyptische Landwirtschaft ein Ereignis von herausragender Bedeutung.

Die Motive für die sorgsame Beobachtung des Himmels waren bei allen Kulturvölkern ähnlich, die Ergebnisse der Beobachtungen ebenfalls.

> Zu den wichtigsten Motiven für die Beobachtung des Himmels zählte in den alten Hochkulturen der Menschheit die Festlegung eines Zeitmaßes. Die Bewegung der Himmelskörper Sonne und Mond eignete sich hervorragend zur Schaffung von Kalendern. Der Himmel wurde als natürliche Uhr genutzt.

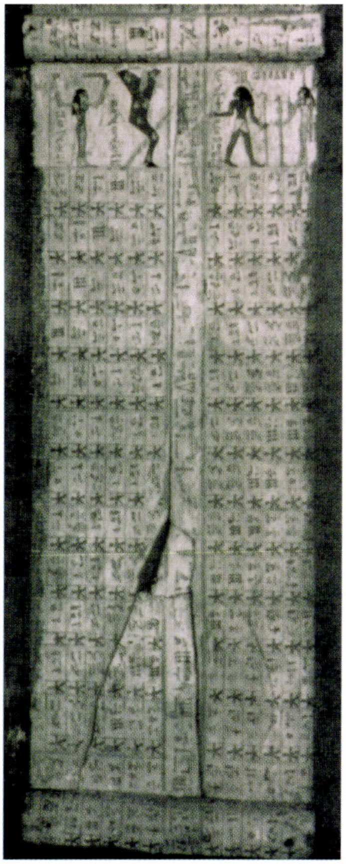

2 Teil des Grabdeckels des TEFABI (um 2100 v. Chr.) in Assiut. In jeder Kolonne sind 12 Dekane verzeichnet, die während der Nacht aufgehen.

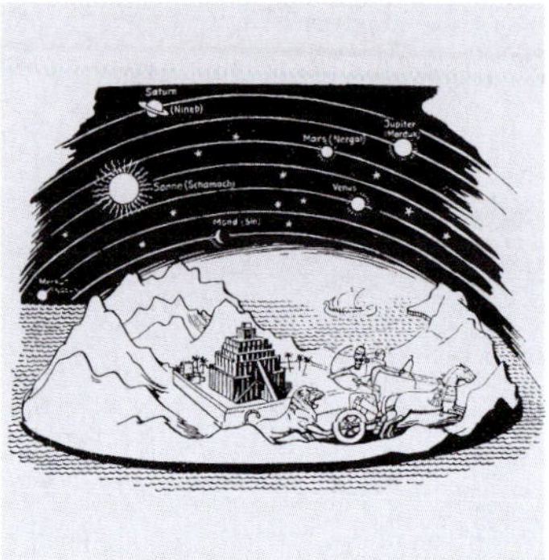

1 Weltvorstellung der Babylonier

Das griechische Weltsystem entsteht

Auf der Grundlage der Ergebnisse ägyptischer und babylonischer Sternbeobachtungen waren die Griechen von Anbeginn an bemüht, die angehäuften Tatsachen über die Bewegung der Gestirne miteinander zu verbinden und zu einem Weltbild zu verschmelzen.

Ihre Leistung bestand vor allem darin, dass sie ein Programm entwickelten, nach dem die vielfältigen Erscheinungen des Himmels aus vergleichsweise wenigen Grundsätzen abgeleitet werden konnten – ein Ziel der Naturwissenschaft bis zum heutigen Tag.

Einen bedeutsamen Einfluss auf die Herausbildung des griechischen Weltsystems übte die Lehre von PLATON (427–347 v. Chr.) aus. Für ihn waren die Sterne und die Planeten Lichter, in denen das Denken der „Weltseele“ zum Ausdruck kommt. Deshalb konnten sich die Sterne nur auf der vollkommensten denkbaren geometrischen Bahn, dem Kreis, bewegen.

Daraus ergab sich für die Astronomen die Zielstellung, alle beobachteten Bewegungen auf Kreisbewegungen zurückzuführen.

Einer der größten Astronomen der Antike war HIPPARCH (ca. 190–125 v. Chr.). Er stellte aus eigenen Beobachtungen den ersten Sternkatalog auf, der die Örter und Helligkeiten von 1022 Sternen enthielt.

HIPPARCH entdeckte anhand sorgfältiger Beobachtungen auch die unterschiedliche Länge der Jahreszeiten.

Jahreszeit	Dauer nach HIPPARCH	Tatsächlicher Wert in Tagen
Frühling	94,5	92,8
Sommer	92,5	93,6
Herbst	88	89,8
Winter	90	89

2 HIPPARCH und sein Observatorium in Alexandria mit Armille und Himmelsglobus

Alle diese Leistungen wurden in einem großen Werk zusammengefasst, das wir als das Hauptwerk der antiken Astronomie betrachten können. Das Buch heißt „Syntaxis mathematike“ (Mathematische Zusammenstellung) und wurde vor allem unter seinem arabischen Titel „Almagest“ bekannt. Es stammt von dem griechischen Gelehrten CLAUDIUS PTOLEMÄUS (ca. 100 bis ca. 170), der auch bedeutende Werke über Geografie, Optik und Astrologie hinterlassen hat.

Mit dem **geozentrischen Weltbild** wurde eine Vorstellung vom Aufbau des Weltalls entwickelt, die eine der großartigsten Leistungen der antiken Wissenschaft war. Mit seiner Hilfe gelang es, die Positionen der Wandelsterne im Voraus zu bestimmen. Das war zugleich ein überzeugendes Argument für die Richtigkeit des Weltbildes.

Ein weiterer Vorzug des geozentrischen Weltbildes war seine Übereinstimmung mit der damals fortgeschrittensten Physik des ARISTOTELES (384–322 v. Chr.). Nach ARISTOTELES haben alle Körper die Eigenschaft, sich zu ihrem „natürlichen Ort“ zu bewegen. Der „natürliche Ort“ der schweren Körper sollte die Weltmitte sein. Da die Erde zweifellos ein schwerer Körper ist, musste sie sich nach der Theorie vom „natürlichen Ort“ in der Weltmitte befinden.

1 CLAUDIUS PTOLEMÄUS, der Schöpfer des „Almagest“

Die Griechen versuchten erstmals in der Geschichte die zahlreichen Beobachtungsergebnisse über die Gestirne systematisch in einem Weltbild zusammenzufassen. So entstand das geozentrische Weltbild des CLAUDIUS PTOLEMÄUS.

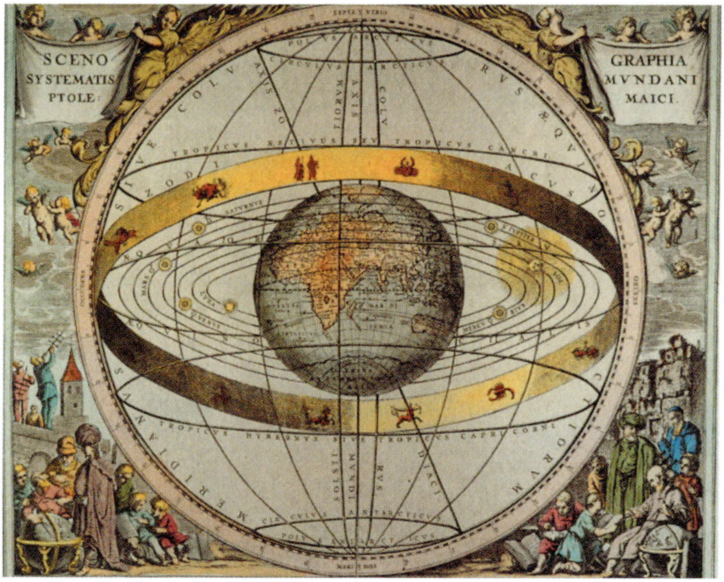

2 Das geozentrische Weltbild mit eingezeichnetem Tierkreis in einer mittelalterlichen Darstellung

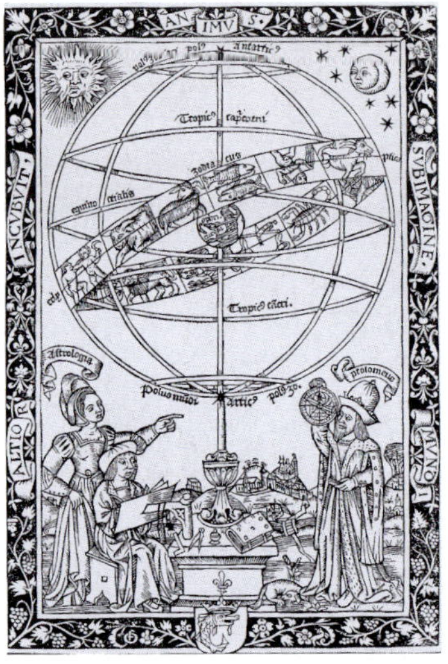

1 Das geozentrische Weltbild auf der Titelseite von GEORG PEUERBACHS „Theoreticae novae planetarum" (Nürnberg 1515)

In jener frühen Phase der Entwicklung lagen Astronomie und Astrologie eng beieinander. Der Astrologie fiel nach PTOLEMÄUS die Aufgabe zu, aus dem Wesen der Gestirne deren Einwirkungen auf den Menschen zu erschließen. Doch das Wesen der Gestirne kannte man nicht. Darüber existierten nur unbewiesene Annahmen. So galten die Planeten als Götter und in ihrer Bewegung am Himmel glaubte man einen Ausdruck ihres Willens zu erkennen. Hierin lag eines der wesentlichsten Motive dafür, die Bewegung der Planeten sorgfältig zu studieren.

Mit der späteren Erkenntnis, dass die Planeten Himmelskörper sind, die sich – ebenso wie die Erde – auf berechenbaren Bahnen um die Sonne bewegen, erwiesen sich die alten astrologischen Thesen als unhaltbar.

Heute sind sich die Astronomen weltweit darüber einig, dass die Astrologie keine naturwissenschaftlich begründbare Berechtigung besitzt (↗ S. 18).

Kopernikus nimmt die Erde aus der Weltmitte

Das geozentrische Weltbild blieb über 1 500 Jahre nahezu unangefochten anerkannt und galt als die zutreffende Beschreibung der Welt im Großen. Im ausgehenden Mittelalter begann man jedoch zunehmend an der Richtigkeit dieses geozentrischen Weltbildes zu zweifeln.

Die praktische Astronomie wurde vor allem durch den Umstand verändert, dass die Epoche der Weltreisen und geografischen Entdeckungen anbrach.

Die Seereisen von KOLUMBUS und anderen hatten deutlich gemacht, dass man ohne verbesserte astronomische Hilfsmittel der Navigation nicht auskommen konnte. Die astronomische Beobachtung war wieder gefragt.

Die Seereisen zeigten, dass die aus der Antike überlieferten Erdbeschreibungen in vielem falsch waren. Auch der berühmte PTOLEMÄUS konnte offensichtlich irren, denn die Angaben in seiner „Geografie", auf der die Atlanten fußten, stimmten nicht mit den Erfahrungen der Seefahrer überein.

2 Mittelalterliches Weltbild nach einer Darstellung aus der Luther-Bibel. Gottvater behütet die Welt von außen.

Ein anderes Problem bestand in der Notwendigkeit, den Kalender zu reformieren. Die dem Julianischen Kalender zugrunde liegende Jahreslänge von 365,25 Tagen war falsch. Mit der Herausbildung zunehmend größerer politischer und wirtschaftlicher Einheiten wurde ein Kalender, der an den astronomischen Tatsachen orientiert war, dringend erforderlich. Doch welchen Wert für die Jahreslänge sollte man einem verbesserten Kalender zugrunde legen? Es fehlte an Beobachtungsdaten und Rechentechniken.

So kam es zu einer Neubelebung aktiver astronomischer Beobachtungen und zugleich zu einem intensiven Studium der klassischen Werke der griechischen Wissenschaft.
Dabei zeigte sich, dass zwischen den Positionen der Planeten am Himmel und den Vorausberechnungen nach den Angaben von PTOLEMÄUS deutliche Abweichungen vorhanden waren. Auch dadurch wurde der Boden für eine grundlegende Wende im astronomischen Weltbild bereitet.
Bereits im Jahre 1502 begann der bedeutende Forscher NIKOLAUS KOPERNIKUS (Bild 1) mit der Ausarbeitung eines Weltbildes, bei dem nicht die Erde, sondern die Sonne im Zentrum steht.
Von diesen ersten Gedanken ausgehend, arbeitete KOPERNIKUS fast 30 Jahre lang daran, das heliozentrische Weltbild mathematisch so zu entwickeln, dass es dem geozentrischen System des PTOLEMÄUS zumindest ebenbürtig war. Dabei hielt auch er an der Auffassung fest, dass sich alle Planeten auf Kreisbahnen bewegen. Seine Erkenntnisse fasste KOPERNIKUS in einem Werk zusammen, das 1543 unter dem Titel „Über die Umschwünge der himmlischen Kreise" (De revolutionibus orbium coelestium) erschien.
Beweise für die Hypothese von der Mittelpunktstellung der Sonne hatte KOPERNIKUS nicht.

1 NIKOLAUS KOPERNIKUS (1473–1543), einer der bedeutendsten Astronomen des Mittelalters. Er leitete eine der größten Revolutionen in der Geschichte der Astronomie ein. Oft spricht man in diesem Zusammenhang von der „kopernikanischen Wende".

NIKOLAUS KOPERNIKUS schuf mit seinem Werk „Über die Umschwünge der himmlischen Kreise" (1543) das heliozentrische Weltbild mit der Sonne im Zentrum.

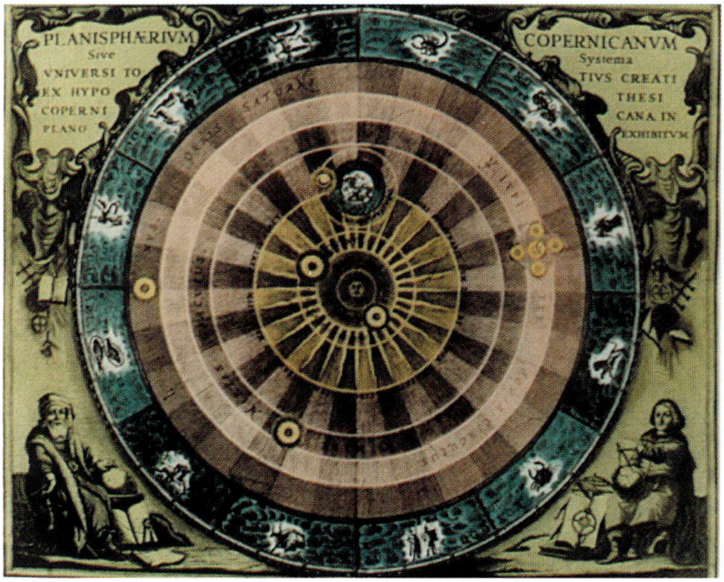

2 Das heliozentrische Weltbild des NIKOLAUS KOPERNIKUS: Die Erde bewegt sich um die Sonne, lediglich der Mond umrundet die Erde. Die Fixsternsphäre bildet die äußere Begrenzung der Welt.

1 GALILEO GALILEI (1564–1642) benutzte als einer der ersten Forscher das neu erfundene Fernrohr und war ein überzeugter Anhänger der Lehre des KOPERNIKUS.

Streit um das Weltbild

Das Werk des KOPERNIKUS führte wenige Jahrzehnte nach dem Tod seines Verfassers zu einer stürmischen Debatte, die sowohl mit rein fachlichen Argumenten als auch zunehmend mit Blick auf die christliche Lehre geführt wurde.
Zunächst wurde behauptet, die Hypothese des heliozentrischen Weltbildes stehe im Widerspruch zur Bibel. Doch bald ging es um mehr als nur um Bibelzitate. Die Einmaligkeit der Offenbarung, die Berichte vom Sündenfall und von der Erlösung passten nicht zu einer Lehre, deren Kernpunkt in der Behauptung bestand, die Erde sei nur ein Planet unter anderen.
GIORDANO BRUNO (1548–1600) vertrat, ausgehend von der Lehre des KOPERNIKUS, die Auffassung, dass es unzählige Planeten im Universum gäbe, die ebenso von denkenden Wesen bewohnt seien wie die Erde. Er wurde wegen dieser und anderer „Ketzereien" in Rom öffentlich verbrannt (↗ Bild 1, S. 17).
Kennzeichnend für den Konflikt zwischen der damals üblichen Auslegung der christlichen Lehre und dem neuen System des KOPERNIKUS ist auch die förmliche Verurteilung des überzeugten Kopernikaners GALILEO GALILEI (Bild 1).

Etwa ab 1616 wurde die Lehre des KOPERNIKUS zu einer Glaubenssache der Kirche. Die Auseinandersetzungen der Inquisition mit den Auffassungen GALILEIS führten zu seiner formalen Verurteilung (Bild 2). Die Beschäftigung mit dem Fall GALILEI hat seither niemals aufgehört.
Unter Papst JOHANNES PAUL II. wurde eine Überprüfung des Falls GALILEI eingeleitet, die 1992 – im 350. Todesjahr des Gelehrten – zu dessen Rehabilitation durch die Kirche führte.

2 GALILEI vor dem Inquisitionsgericht. Er wurde 1633 verurteilt und gezwungen, seiner Überzeugung abzuschwören. Den Rest seines Lebens verbrachte er unter Hausarrest.

Der Papst erklärte in diesem Zusammenhang vor der Päpstlichen Akademie der Wissenschaften, der Fall GALILEI könne der Kirche eine bleibend aktuelle Lehre für ähnliche Situationen sein: *„Galilei, der praktisch die experimentelle Methode erfunden hat, hat dank seiner genialen Vorstellungskraft als Physiker und auf verschiedene Gründe gestützt verstanden, dass nur die Sonne als Zentrum der Welt, wie sie damals bekannt war, … infrage kam. Der Irrtum der Theologen von damals bestand dagegen am Festhalten an der Zentralstellung der Erde in der Vorstellung, unsere Kenntnis der Strukturen der physischen Welt wäre irgendwie vom Wortsinn der Heiligen Schrift gefordert. … Tatsächlich beschäftigt sich die Bibel nicht mit den Einzelheiten der physischen Welt, deren Kenntnis der Erfahrung und dem Nachdenken des Menschen anvertraut wird.“*

1 GIORDANO BRUNO wurde im Jahr 1600 in Rom als Ketzer verbrannt.

Von der Weltharmonie zum Weltgesetz – Kepler entdeckt die Planetengesetze und Newton die Schwerkraft

KOPERNIKUS hatte noch kreisförmige Bahnen für die Planeten angenommen. Eine Wende auf diesem Gebiet brachte JOHANNES KEPLER (1571–1630). Als überzeugter Kopernikaner entdeckte KEPLER beim sorgfältigen Studium der Planetenbewegung aus den Beobachtungen des dänischen Astronomen TYCHO BRAHE (1546–1601) eine Reihe von Gesetzmäßigkeiten, die heute als **keplersche Gesetze** bezeichnet werden (↗ S. 67). Als Bahnform der Planetenbahnen beschrieb KEPLER die Ellipse.

JOHANNES KEPLER entdeckte unter Benutzung der Beobachtungen von TYCHO BRAHE die drei nach ihm benannten Planetengesetze und ersetzte die Kreisbahnen seiner Vorgänger durch Ellipsen.

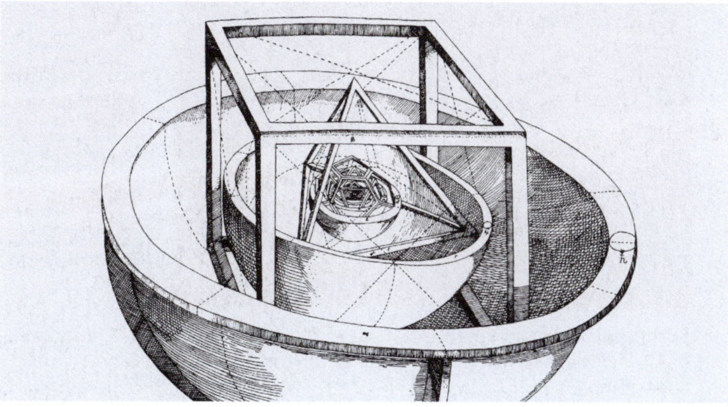

2 JOHANNES KEPLER mit einem Bildnis von TYCHO BRAHE an der Wand. Rechts ist KEPLERS „Weltgeheimnis“ zu sehen, eine Darstellung von Planetensphären, eingepasst in regelmäßig geformte Körper.

Liegt das Schicksal des Menschen in den Sternen?

In den Anfängen der Beschäftigung des Menschen mit den Gestirnen erschienen die Sterne geheimnisvoll und schicksalhaft. Die Planeten wurden mit Göttern identifiziert, die uns durch ihre Bewegungen und Farben bedeutungsvolle Botschaften senden. Viele Ereignisse auf der Erde schienen von Vorgängen am gestirnten Himmel gesteuert. Der große antike Astronom PTOLEMÄUS schrieb der Sterndeutung oder Astrologie die Aufgabe zu, die Veränderungen zu erforschen, die durch die Himmelskörper auf der Erde hervorgebracht werden. Dabei verweist er u. a. auf die Entstehung von Ebbe und Flut durch die Einwirkung des Mondes. Doch allmählich bildete sich ein Regelsystem heraus, das es gestatten sollte, aus der Stellung der Gestirne zum Zeitpunkt der Geburt eines Menschen (Geburtshoroskop) sein künftiges Schicksal herzuleiten.
Aus heutiger Sicht erscheint das Regelwerk der Astrologen unwissenschaftlich. Es existieren keinerlei Belege für die Behauptung der Astrologen, dass es sich bei ihren Deutungssystemen um Erfahrungswissen handelt. Das alte geozentrische Weltbild, auf dem die Astrologie beruht, ist längst überholt und als falsch erkannt. Geblieben ist der Hang vieler Menschen, die Zukunft im Voraus wissen zu wollen, persönliche Probleme und Schicksalsschläge in die Hände überirdischer Mächte zu legen. Die Vertreter der Astronomie sind sich einig in der Auffassung, dass die Sterndeutung jeder wissenschaftlichen Grundlage entbehrt, häufig von Scharlatanen betrieben und lediglich als willkommene Einnahmequelle betrachtet wird.

1 Kometen wurden als „Himmelszeichen" für die Ankündigung eines großen Unglücks (Weltuntergang) angesehen.

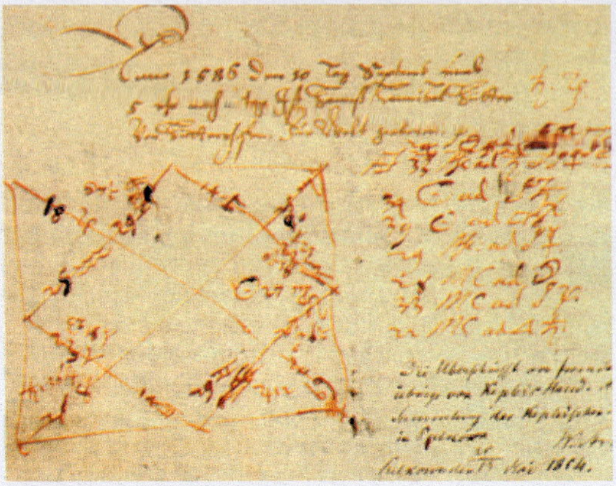

2 Auch berühmte Astronomen der Vergangenheit beschäftigten sich mit Astrologie. Das Bild zeigt ein von KEPLER erstelltes Horoskop.

Horoskop für die Wo

WIDDER 20.3. – 19.4.
Lassen Sie sich nicht beeinflussen! Wichtig ist doch, dass Sie Freude an Ihrem Tun haben, auch wenn es in den Augen anderer unüblich ist.

STIER 20.4. – 20.5.
Es besteht die Gefahr, dass Ihr Projekt zerredet wird. Wenn die anderen die Notwendigkeit nicht einsehen wollen, sollten Sie lieber davon ablassen.

ZWILLINGE 21.5. – 20.6.
Übernehmen Sie die Aufgabe, selbst wenn sie recht schwierig zu sein scheint! Mit Ihrer derzeitigen Leistungsfähigkeit sind Sie der Sache gewachsen.

KREBS 21.6. – 22.7.
Versuchen Sie, unnötige Ausgaben zu vermeiden! Behalten Sie Ihre Pläne für das nächste Jahr im Auge. Und die sind ja nicht gerade preiswert.

LÖWE 23.7. – 22.8.
Ihr derzeitiges Tun ist beachtenswert. Ihre Rücksichtsnahme, dass Ihre Mitstreiter dabei nicht auf der Strecke bleiben, bringt Ihnen viel Sympatie ein.

JUNGFRAU 23.8. – 22.9.
Damit es Ihnen so richtig gut geht, brauchen Sie jede Menge neuer Eindrücke. Und die finden Sie in der ersten Adventswoche ja zur Genüge

3 Ausschnitt aus einem Horoskop, wie es wöchentlich von vielen Zeitungen und Zeitschriften veröffentlicht wird.

Den entscheidenden Schritt von der keplerschen Weltharmonie zu einem wirklichen Weltgesetz ging der bedeutende englische Gelehrte Isaac Newton (1642–1727) mit seinem Werk „Philosophiae naturalis principia mathematica" (Philosophische Prinzipien der Naturlehre, 1687).

Dieses Werk gilt zu Recht als die Begründung einer völlig neuen Wissenschaftsdisziplin, der Mechanik. Eine der wichtigsten Anwendungen der hier definierten Begriffe Kraft und Masse sowie der Axiome, auf denen die Mechanik aufgebaut ist, stellt die Himmelsmechanik dar, die Lehre von den Bewegungen der Himmelskörper.

Newtons „Prinzipien" enthalten vor allem das Gesetz der universellen Gravitation: Alle Körper ziehen einander mit einer Kraft F an, die den Massen m_1 und m_2 dieser Körper direkt proportional und dem Quadrat ihres Abstandes umgekehrt proportional ist (↗ S. 69).

1 Isaac Newton (1642–1727), der Begründer der Mechanik und der Himmelsmechanik

Isaac Newton entdeckte das Gesetz der allgemeinen Massenanziehung (Gravitationsgesetz), mit dessen Hilfe sich die Bewegungen der Himmelskörper berechnen lassen.

Das Gravitationsgesetz ermöglicht es beispielsweise, die Massen von Planeten zu berechnen.

Mit der Entdeckung des Gravitationsgesetzes war tatsächlich so etwas wie eine Weltformel gefunden. In den kommenden Jahrzehnten sollte sich erweisen, dass man praktisch alle Bewegungsvorgänge im Universum als Ergebnis der gegenseitigen Einwirkung von Körpern aufgrund der Massenanziehung zwischen ihnen berechnen konnte.

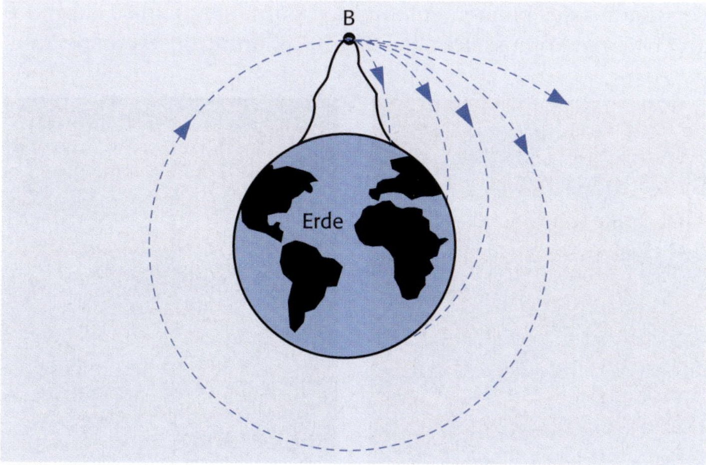

2 Newtons Darstellung über den Zusammenhang zwischen der Fallbewegung eines Körpers auf der Erde und der Bewegung des Mondes auf seiner Umlaufbahn um die Erde. Ein von der Bergspitze B geworfener Gegenstand fliegt umso weiter, je größer seine Abwurfgeschwindigkeit ist. Wird ein Körper mit $v = 7{,}9\ \text{km} \cdot \text{s}^{-1}$ abgeworfen, so bewegt er sich auf einer Kreisbahn um die Erde. Newtons Entdeckung ist eine wichtige Grundlage der Raumfahrt.

1 Der Physiker GUSTAV ROBERT KIRCHHOFF (1824–1887, Bild oben) und der Chemiker ROBERT WILHELM BUNSEN (1811–1899, Bild unten) entwickelten um 1860 mit der Spektralanalyse ein Verfahren, mit dem man aus der Untersuchung des Lichtes einer Lichtquelle auf deren stoffliche Zusammensetzung schließen kann.

Das Gravitationsgesetz erwies sich auch als die entscheidende Grundlage für ein tieferes Verständnis der keplerschen Gesetze der Planetenbewegung.
Das Gravitationsgesetz als theoretisches Rüstzeug und die Entwicklung immer genauerer Beobachtungsinstrumente zur Bestimmung von Sternpositionen bildeten die beiden Eckpfeiler der klassischen Astronomie bis weit in das 19. Jahrhundert hinein.

Entstehung und Entwicklung der Astrophysik

Um die Mitte des 19. Jahrhunderts waren die Voraussetzungen für eine qualitativ neue Erforschung des Universums herangereift. G. R. KIRCHHOFF (1824–1887) und R. W. BUNSEN (1811–1899) hatten mit der Entdeckung der Spektralanalyse nachgewiesen, dass man mittels der prismatischen Zerlegung des Sternenlichtes Aussagen über die physikalische und chemische Beschaffenheit der Himmelskörper gewinnen kann. Die Spektralanalyse begründete die Astrophysik. Auch die Anwendung der Fotometrie (Helligkeitsmessung) und der Fotografie trugen wesentlich dazu bei, dass mit der neuen Disziplin Astrophysik wissenschaftlich begründete Aussagen über die Natur der Himmelskörper möglich wurden. KIRCHHOFF und BUNSEN (Bild 1) fanden heraus, dass die dunklen Linien der Spektren von Sonne und Sternen Hinweise auf die chemische Zusammensetzung der äußeren Schichten der Objekte enthalten.
Erste Klassifizierungen von Sternspektren (Bild 2) zeigten, dass sich im äußeren Erscheinungsbild der Spektren u. a. die Temperatur der Sterne widerspiegelt. Um diese experimentell gefundenen Zusammenhänge allerdings auch begründen und verstehen zu können, bedurfte es noch weiterer wichtiger Erkenntnisse. Vor allem die physikalische Strahlungstheorie (M. PLANCK) und das Verständnis des inneren Aufbaus der Atome schuf im 20. Jahrhundert wichtige Voraussetzungen für die Erklärung der Sternspektren.

2 Spektroskop des Astrophysikalischen Observatoriums Potsdam, mit dem im 19. Jahrhundert wichtige Forschungsarbeiten durchgeführt wurden.
Aus den rechts abgebildeten dunklen Spektrallinien kann man Aussagen über die stoffliche Zusammensetzung und die physikalische Beschaffenheit der Lichtquelle ableiten.

Mit der Entstehung der Astrophysik um die Mitte des 19. Jahrhunderts begann die Erforschung der physikalischen Beschaffenheit der Himmelskörper.

Durch die Herausbildung der Astrophysik trat ein großer Themenkomplex erstmals aus dem Bereich der Spekulation heraus und wurde zum Gegenstand der Forschung: Die Entwicklungsvorgänge im Weltall. 1905 untersuchten der Däne EJNAR HERTZSPRUNG (1873–1967) und später auch der Amerikaner HENRY N. RUSSELL (1877–1957) die Zusammenhänge zwischen den zwei wichtigen Zustandsgrößen der Sterne, den Temperaturen und den Leuchtkräften. Daraus entstand das Hertzsprung-Russell-Diagramm (↗ S. 134). Mit Hilfe dieses Zustandsdiagramms können Sternentwicklungsvorgänge untersucht werden.

Durch die Spektralanalyse und den Einsatz großer Teleskope gelang es im 20. Jahrhundert auch, Entwicklungsvorgänge des Universums als Ganzes zu entdecken. So fand Edwin P. HUBBLE (1889–1953) 1929 die Expansion des Weltalls durch die Untersuchung der Spektren von Sternsystemen. Die allgemeine Ausdehnung ist eines der wichtigsten Entwicklungsmerkmale des Kosmos und begründete zusammen mit der Allgemeinen Relativitätstheorie von ALBERT EINSTEIN (1879–1955) die wissenschaftliche **Kosmologie**.

Mit der Entdeckung der Radiostrahlung aus dem Weltall begann um 1930 die Entwicklung der **Radioastronomie**. Mit der Möglichkeit, Satelliten und Geräte in den Weltraum zu transportieren, entwickelten sich die **Röntgen-** und die **Infrarotastronomie**. Diese neuen Beobachtungsmöglichkeiten haben im letzten Jahrzehnt zu einer Vielzahl neuer Entdeckungen und damit zu einer Vertiefung des astronomischen Wissens geführt.

1 3,6-m-Spiegelteleskop der Europäischen Südsternwarte in La Silla (Chile)

2 Modernes Radioteleskop

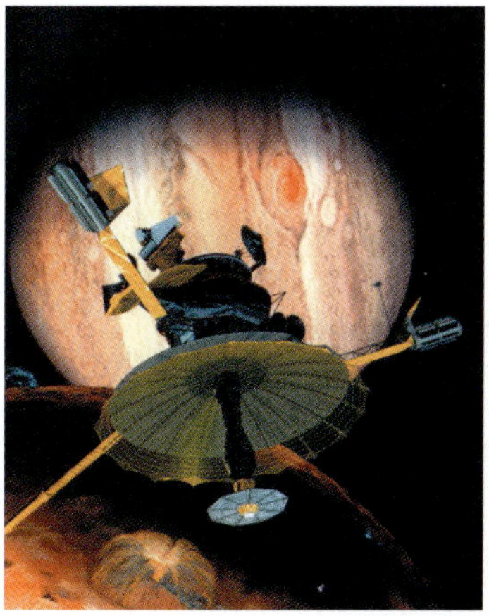

3 Mit Hilfe von Teleskopen und Raumsonden wurden die Beobachtungsmöglichkeiten der Astronomen wesentlich erweitert. Die Bilder zeigen die Raumsonde Galileo (links) und das Hubble-Weltraumteleskop (rechts).

Aufgaben

1. Nenne ein bekanntes Bauwerk der Steinzeitastronomie und erläutere, inwiefern wir daraus Erkenntnisse über das astronomische Wissen seiner Erbauer ableiten können!

2. Zeige an Beispielen (z. B. Sirius), welche Bedeutung astronomische Erkenntnisse für das Leben der Menschen in der Frühzeit hatten!

3. Um 270 v. Chr. führte ARISTARCH von Samos eine der wahrscheinlich frühesten astronomischen Messungen in der Geschichte durch, eine Berechnung des Verhältnisses der Mondentfernung zur Sonnenentfernung. Dazu bestimmte er am Taghimmel den Winkel Sonne-Erde-Halbmond zu $\alpha = 87°$.

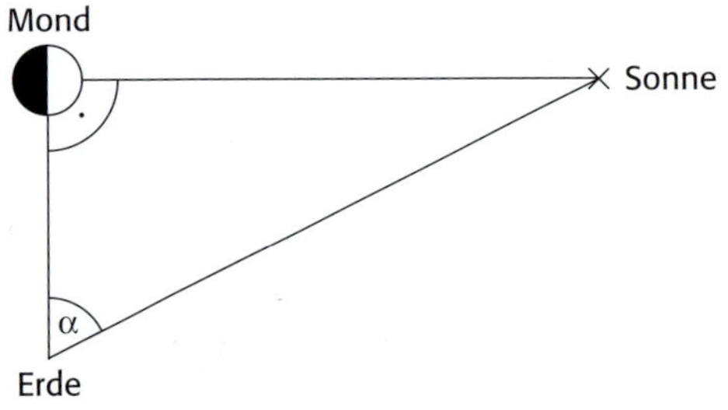

   a) Wie ging Aristarch bei der Berechnung vor (s. Skizze)? Zu welchem Ergebnis musste er kommen?
   b) Heutiges Wissen gibt das gesuchte Verhältnis mit 1:390 an. Welcher Winkel ergibt sich daraus?

4. Wenn man die Größe der Sonne und des Mondes vergleicht, dann stellt man fest, dass sie uns am Himmel etwa gleich groß erscheinen.
   Schon ARISTARCH von Samos kam zu der Auffassung, dass aber die Sonne sehr viel größer sein müsse als der Mond.
   Wie konnte er zu einer solchen Auffassung kommen?

5. In der Antike waren Fernrohre und andere Hilfsmittel, die Astronomen heute verwenden, unbekannt. Erkunde, welche Hilfsmittel für astronomische Beobachtungen in der Antike verwendet wurden und was man damit messen bzw. beobachten konnte!

6. Die Abbildung zeigt vereinfacht das heliozentrische und das geozentrische Weltbild in einer Abbildung.

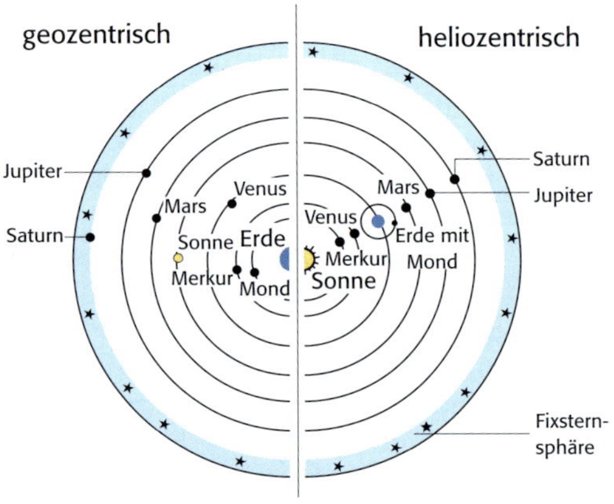

   Erläutere anhand der beiden Teilbilder die Gemeinsamkeiten und die Unterschiede zwischen diesen beiden Weltbildern!

7. Erläutere die Bedeutung des heliozentrischen Weltbildes für die Weiterentwicklung der Astronomie!

8. Welche Entdeckungen führten im 19. Jahrhundert zur Entstehung und Entwicklung der Astrophysik?

9. Raketentechnik und Elektronik ermöglichten in den letzten 30 Jahren neue Formen der Untersuchung des Weltalls.
   a) Nenne und erläutere Beispiele dafür!
   b) Erkunde, welche Forschungsmissionen gegenwärtig durchgeführt werden und welche Ziele sie haben!
   c) Bereite einen Kurzvortrag zu einer aktuellen Forschungsmission vor!

Das Wichtigste im Überblick

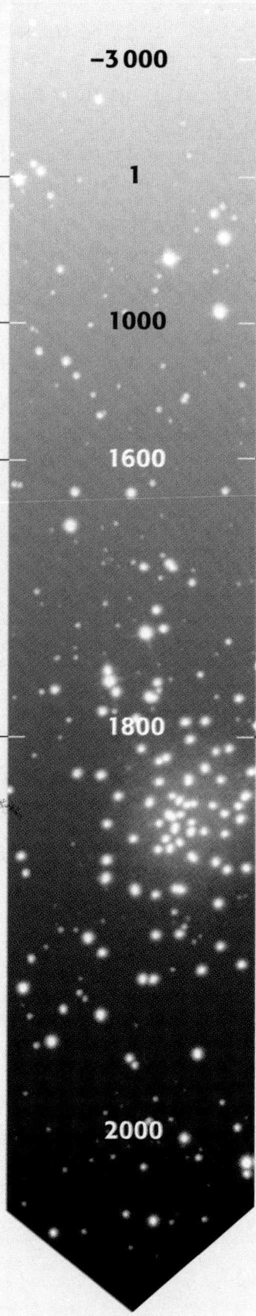

	–3000	Erste systematische Sternbeobachtungen (Babylonien, Ägypten)
Hipparch (ca. 190–125 v. Chr.)		
Ptolemäus (ca. 100–170)	1	Entwicklung des geozentrischen Weltbildes
	1000	Berechnung von Planetentafeln
Nikolaus Kopernikus (1473–1543)		Entwicklung und allmähliche Durchsetzung des heliozentrischen Weltbildes
Galileo Gallilei (1564–1642)	1600	Entdeckung von vier Jupitermonden
Johannes Kepler (1571–1630)		Entdeckung der Gesetze der Planetenbewegung (keplersche Gesetze)
Isaac Newton (1642–1727)		Entdeckung des Gravitationsgesetzes und Entwicklung der Himmelsmechanik
Edmond Halley (1656–1742)		Erstmalige Berechnung der Bahnen von Kometen
Johann Gottfried Galle (1812–1910)	1800	Entdeckung des Neptun auf der Grundlage des vorausberechneten Ortes
R. W. Bunsen (1811–1899) G. R. Kirchhoff (1824–1887)		Entwicklung der Astrophysik (Spektralanalyse, Fotografie)
Ejnar Hertzsprung (1873–1967) Henry Norris Russell (1877–1957)		Entdeckung wichtiger Zusammenhänge zwischen physikalischen Größen zur Beschreibung von Sternen (Hertzsprung-Russell-Diagramm)
Edwin P. Hubble (1889–1953)		Auffindung von Cepheiden im Andromeda-Nebel, Entdeckung des Hubble-Gesetzes
	2000	Entwicklung neuer Zweige der Astronomie (Radioastronomie, Röntgenastronomie, Neutrinoastronomie, Infrarotastronomie) und Einsatz neuartiger Beobachtungsinstrumente (Röntgensatellit ROSAT, HUBBLE-Weltraumteleskop)

1.2 Forschungsgegenstand, Forschungsinstrumente und Forschungsmethoden der Astronomie

Am 20.7.1976 landete die US-amerikanische Raumsonde Viking I weich auf der Oberfläche des Planeten Mars. Eine Aufgabe dieser automatischen Sonde bestand darin, Gesteinsproben zu entnehmen und in speziellen chemischen Reaktionskammern zu untersuchen. Dabei wollte man auch herausfinden, ob es auf dem Mars einfache Lebensformen gibt. Leider verliefen einige Versuche nicht eindeutig. Obgleich sehr viele Wissenschaftler heute davon ausgehen, dass die im Marsgestein ausgelösten chemischen Vorgänge anorganischen Ursprungs waren, blieben den Forschern umfangreiche Kontrollexperimente versagt – dazu war die Sonde nicht in der Lage.
Wie gelangt man in der Astronomie zu gesicherten Naturerkenntnissen, obwohl man auf Experimente weitgehend verzichten muss?

Seit Menschengedenken spendet die Sonne der Erde Licht und Wärme. Ihr beständiges Strahlen war für die Menschen über Jahrtausende hinweg ein Geheimnis. Wie wir heute wissen, sind atomare Prozesse, die tief im Innern der Sonne vonstatten gehen, die Ursache für das Leuchten der Sonne.
Wie gelangt man zu einer solchen Aussage – schließlich hat doch noch nie ein Mensch das Innere der Sonne gesehen?

Im Jahre 1609 richtete der italienische Physiker GALILEO GALILEI (1564–1642) zum ersten Mal ein Fernrohr auf den Himmel. Er entdeckte binnen kürzester Zeit die Mondgebirge, die hellsten Jupitermonde, die Lichtgestalten des Planeten Venus und das Sterngewimmel der Milchstraße.

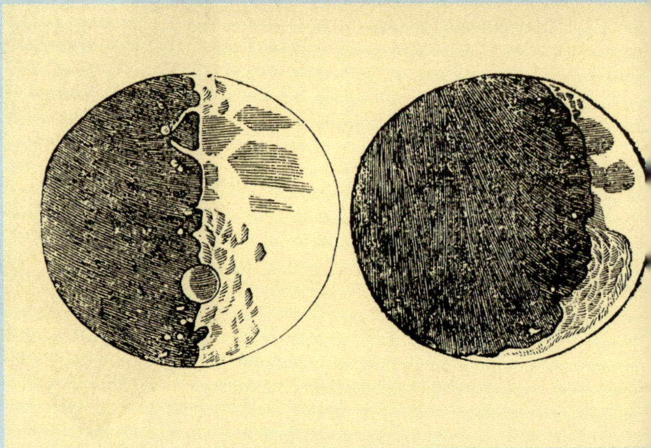

Die Abbildung zeigt Originalzeichnungen von GALILEI. Seither baut man immer größere und aufwendigere Teleskope.
Weshalb werden ständig neue Teleskope entwickelt, obgleich mit dem kleinen Himmelsfernrohr GALILEIS doch auch schon außergewöhnliche Entdeckungen gelungen sind?

Der Forschungsgegenstand der Astronomie

Die Astronomie ist die Wissenschaft vom Universum. Ihr Gegenstand sind die Objekte des Weltalls wie Sterne, Planeten, Kometen, Sternsysteme, aber auch Gas und Staub, elektrische und magnetische Felder, Strahlung und Teilchen (Bilder 1–4).

> Die Astronomie untersucht alle natürlichen Objekte, die sich außerhalb der Erde im Weltraum befinden, und das Weltall in seiner Gesamtheit.

Da die Himmelsobjekte physikalische Körper sind, darf man davon ausgehen, dass sie über alle grundlegenden Eigenschaften verfügen, die auch die Gegenstände auf der Erde kennzeichnen: **Position, Bewegung, äußere Form, chemische Zusammensetzung, innerer Aufbau, Veränderung bzw. Entwicklung.**

> Die Astronomie ist die Wissenschaft von der Bewegung, vom Aufbau, von den Eigenschaften und von der Entwicklung einzelner kosmischer Objekte, Gruppen von Objekten und des gesamten Weltalls.

Dabei stützt sich die Astronomie auf Erkenntnisse und Methoden anderer Naturwissenschaften, insbesondere auf die der Physik. Das wichtigste Mittel der Erkenntnisgewinnung in der Astronomie ist aber die zielgerichtete Beobachtung von Objekten und Erscheinungen.

1 Die Astronomie untersucht den Aufbau von Planeten und ihren Monden, z. B. den Aufbau der Planeten Jupiter und seines Mondes Io.

2 Zu den Aufgaben der Astronomie gehört es zu untersuchen, wie sich der Mond um die Erde bewegt und wie die Struktur der Mondoberfläche entstanden ist.

3 Bei Kometen interessiert nicht nur die Frage, wie sie sich bewegen, sondern auch, aus welchen Stoffen sie zusammengesetzt sind und wie sie sich verändern.

4 Die Astronomie untersucht nicht nur die Position von Sternen, sondern auch ihre räumliche Verteilung, Zusammensetzung und Entwicklung.

Astronomische Beobachtungen

Interessiert man sich für die physikalischen und chemischen Eigenschaften eines unbekannten Stoffes, dann werden seine Materialproben in einem Labor analysiert. Man kann diese Proben zum Beispiel erwärmen, um den Schmelzpunkt zu ermitteln, oder ihre Festigkeit bestimmen, indem man sie einem hohen Druck aussetzt. Mit dem Stoff werden **Experimente** durchgeführt.
Die für Naturwissenschaften allgemein übliche Untersuchungsmethode des Experimentierens spielt in der Astronomie aus naheliegenden Gründen nur eine untergeordnete Rolle. Die Erforschung der Himmelskörper basiert weitgehend auf ihrer **Beobachtung**.

> Die **Beobachtung** ist eine grundlegende Untersuchungsmethode der Astronomie.

Allerdings würden Beobachtungen allein nicht ausreichen. So kann man zum Beispiel durch das Registrieren des Sonnenlichtes feststellen, **wie** die Sonne leuchtet, aber nicht, **warum** sie leuchtet. Diese Frage ist nur dann zu beantworten, wenn man eine **Theorie** des inneren Aufbaus und der Entwicklung der Sonne besitzt.
So waren vor einigen hundert Jahren Gelehrte der Überzeugung, die Sonne würde strahlen, weil sie aus brennender Steinkohle besteht. Diese aus heutiger Sicht recht einfache und nicht zutreffende Sonnentheorie ermöglicht die **Vorhersage**, dass die Sonne insgesamt nur wenige tausend Jahre leuchten kann.

1 Das von Himmelskörpern zu uns gelangende Licht enthält eine Reihe von Informationen über diese Himmelskörper.

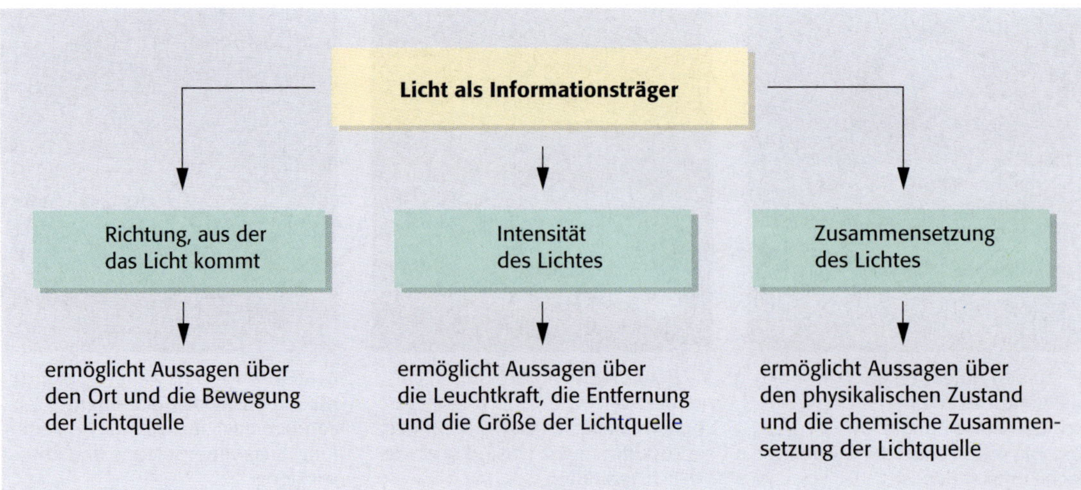

Durch die moderne Sonnentheorie (↗ S. 114 ff.) wird die gesamte Lebensdauer unseres Zentralgestirns auf etwa 11 Milliarden Jahre vorhergesagt. Diese zeitliche Veränderung der Sonne kann deshalb nicht beobachtet werden. Mit Hilfe von Computertechnik kann man aber ihre Entwicklung **simulieren**. **Simulationen** sind eine besonders hoch entwickelte und sehr wirkungsvolle Untersuchungsmethode, bei der komplizierte Theorien in die Form von Computerprogrammen gebracht werden. Dadurch kann man nicht durchführbare Experimente teilweise recht gut ersetzen und langfristige Entwicklungsprozesse studieren.

Besonderheiten der astronomischen Beobachtung

Im alltäglichen Leben hat man sich daran gewöhnt, dass Beobachtungen aus einer Vielzahl von Sinneseindrücken bestehen. Ein vorbeifahrender LKW macht sich für den Betrachter durch seine Ortsveränderung, Geräusche, den Fahrtwind und seine Abgase bemerkbar.

> Astronomische Beobachtungen sind auf die Untersuchung der Strahlung beschränkt, die aus dem Weltall zu uns gelangt.

Grundsätzlich müssen zwei verschiedene Strahlungsformen unterschieden werden. Dies sind die **elektromagnetische Strahlung** (Bild 1) und die **Teilchenstrahlung**.

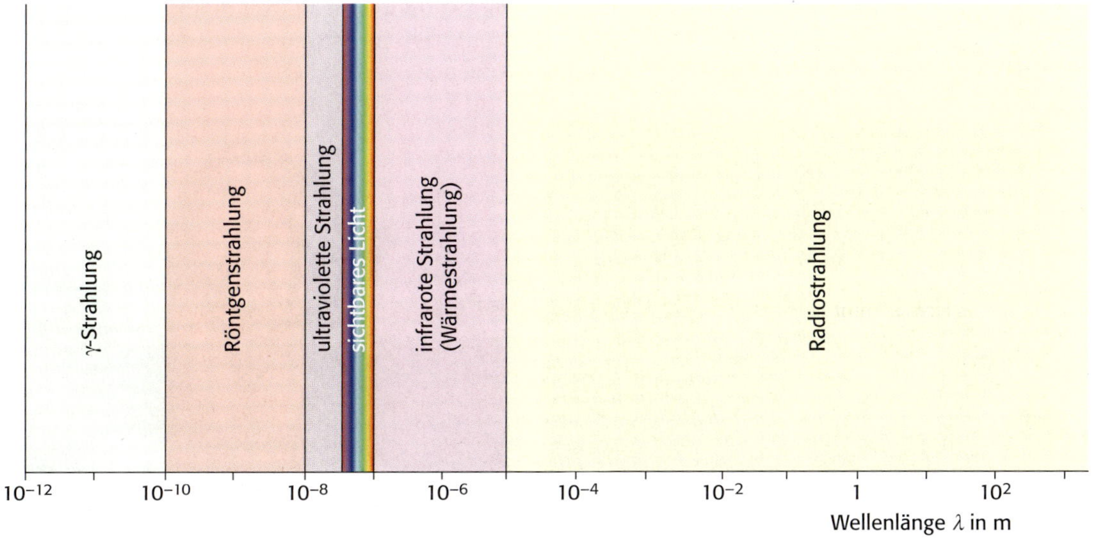

1 Wichtige Bereiche der elektromagnetischen Strahlung, die aus dem Weltall zu uns gelangt und durch die die Astronomen Informationen über Himmelskörper erhalten. Das Spektrum elektromagnetischer Wellen reicht von der langwelligen Radiostrahlung bis zur kurzwelligen Gammastrahlung.

Die ersten astronomischen Beobachtungsinstrumente

Das gesamte Wissen der Sternforscher in der Antike beruhte auf der Verwendung von Peilinstrumenten. So heißt es z. B. in einer babylonischen Darstellung aus dem 7 Jh. v. Chr.: *„Man nehme einen Bambusstab, steche in denselben in einer Höhe von acht Fuß ein Loch von ein Zehntel Fuß Durchmesser. Diesen Stab stelle man auf einem vorher geebneten Boden senkrecht auf. Dann suche man den Schatten desselben und beobachte ihn."*

Ein solcher **Schattenstab**, auch **Gnomon** genannt, stellt eines der ersten Hilfsmittel des Menschen bei der Beobachtung des Himmels dar. Er ist geeignet, den Moment des wahren Mittags eines Tages zu bestimmen, die Himmelsrichtungen festzulegen (Bild 1) und den Verlauf der scheinbaren Jahresbahn der Sonne zu ermitteln. Aus dem Gnomon entwickelte sich später die Sonnenuhr.

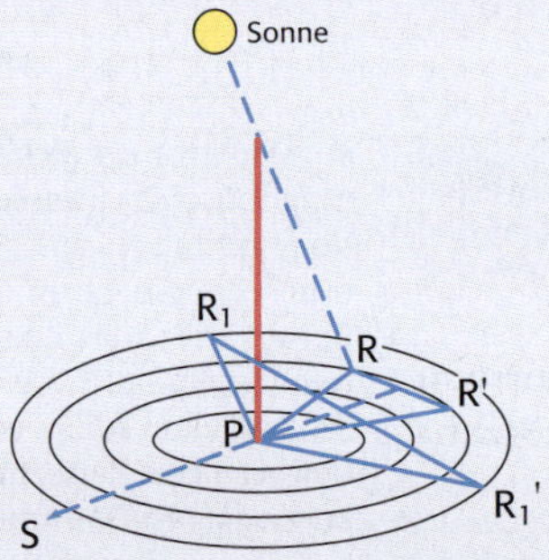

1 Man findet die Südrichtung S, indem man die Endpunkte gleich langer Schatten (R, R' oder R_1, R_1') miteinander verbindet und die Verbindungslinie halbiert.

Für die Bestimmung von Sternpositionen und der Bewegung von Himmelskörpern benötigte man Hilfsmittel, mit denen der gegenseitige Winkelabstand gemessen werden kann. Hierzu dienten z. B. der **Dreistab**, auch **Triquetrum** genannt, sowie die **Armillarsphäre** und deren Weiterentwicklung, das **Astrolabium**.

Der **Dreistab** besteht aus einem senkrechten Stab, an dem ein drehbarer zweiter Stab mit Visiereinrichtung angebracht ist. Auch am unteren Ende des senkrechten Stabs befindet sich ein drehbarer Stab mit einer Längseinteilung. Über die Visiereinrichtung des Dreistabes wurde das jeweils interessierende Objekt angepeilt (Bild 2).

Die **Armillarsphäre** besteht hauptsächlich aus einem Paar unterteilter Kreise, die senkrecht aufeinander stehen (Bild 3). Einer der Kreise repräsentiert den Himmelsäquator, der andere kann um die Himmelsachse gedreht werden, die durch den Himmelsnordpol und den Himmelssüdpol verläuft. Auf den Kreisen befinden sich Visiereinrichtungen, mit denen die Objekte angepeilt werden können.

2 Himmelsbeobachtung mit dem Dreistab im alten Alexandria.

3 Historische Armillarsphäre in der alten Sternwarte in Peking

Himmelsobjekte senden neben dem sichtbaren Licht auch unsichtbare elektromagnetische Strahlung aus. Das können neben der ultravioletten Strahlung und der infraroten Strahlung (Wärmestrahlung) auch die kurzwellige Gamma- und Röntgenstrahlung sowie die langwellige Radiostrahlung sein.

Jede dieser Strahlungsarten trägt ganz spezifische Informationen in sich. Leider gibt es kein Instrument, mit dem man alle Wellenlängenbereiche des **elektromagnetischen Spektrums** untersuchen könnte. Auch das menschliche Auge nimmt ja nur in einem sehr kleinen Ausschnitt dieses Spektrum wahr. Deshalb wurden und werden Strahlungsempfänger entwickelt, die sich für die Registrierung bestimmter Wellenlängenbereiche besonders eignen.

Die aus dem Weltall zu uns gelangende Strahlung kann die Erdatmosphäre nur zu einem geringen Teil fast ungehindert passieren. Neben dem Licht und einem kleinen Prozentsatz an Wärmestrahlung dringt lediglich noch ein Teil der Radiostrahlung zur Erdoberfläche. Für die astronomische Forschung bedeutet dieser Umstand, dass man alle anderen Wellenlängenbereiche nur dann untersuchen kann, wenn man die dafür gebauten Empfänger außerhalb der Erdatmosphäre auf speziell gebauten Satelliten betreibt. Da die Menschheit erst seit wenigen Jahrzehnten über die Technologien zur Raumfahrt verfügt, handelt es sich etwa bei der sogenannten **Röntgen-** oder der **Gammaastronomie** um recht junge Forschungsgebiete.

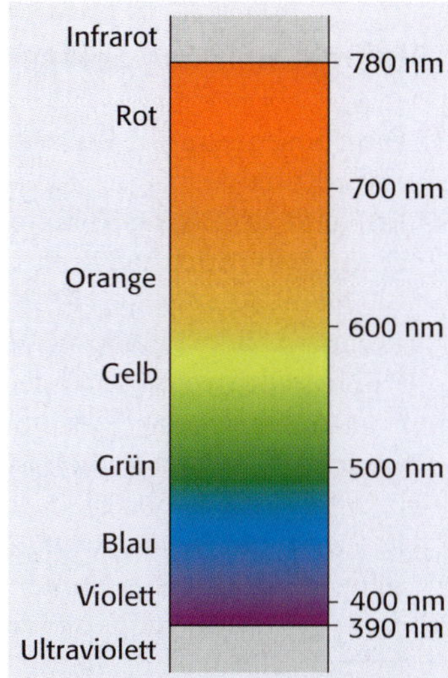

1 An das Spektrum des sichtbaren Lichtes schließt sich am langwelligen Ende infrarotes Licht und am kurzwelligen Ende ultraviolettes Licht an.

2 Die Eindringtiefe der elektromagnetischen Strahlung verschiedener Wellenlänge in die Erdatmosphäre ist unterschiedlich.

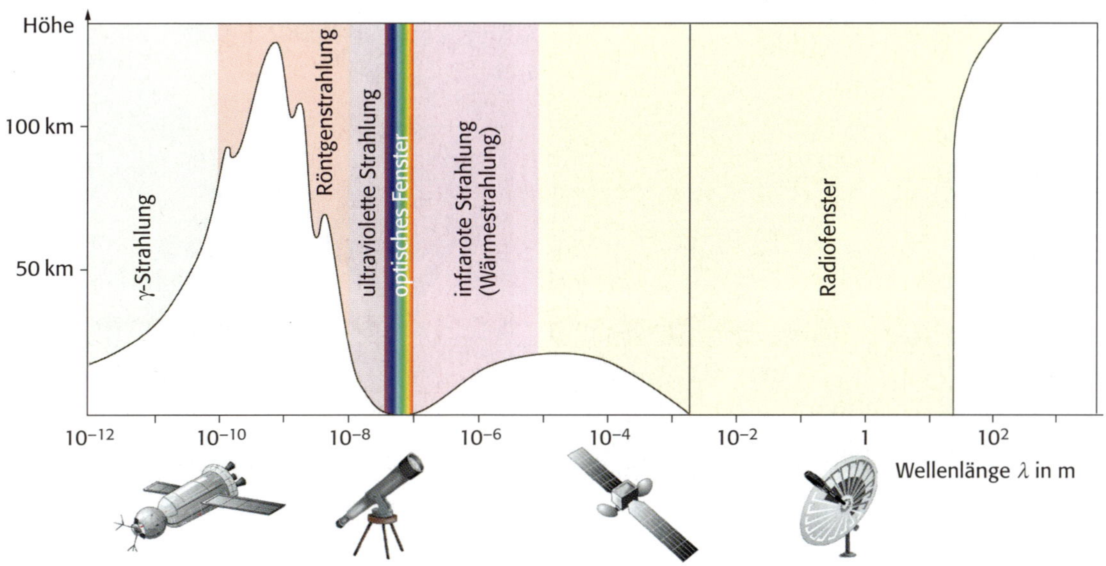

Refraktoren und Spiegelteleskope

Das Linsenfernrohr (Refraktor) wurde erst um 1600 erfunden.
Die neue Erfindung breitete sich rasch aus und drang bald auch zu dem damals 45-jährigen GALILEO GALILEI (1564–1642), seines Zeichens Professor der Physik an der Universität zu Padua in der Republik Venedig.
GALILEI baute das Linsenfernrohr nach und wendete es als Erster bei astronomischen Beobachtungen an (Bild 1).
Die wesentlichen Leistungen eines astronomischen Fernrohres bestehen zum einen darin, dass weit entfernte Objekte größer abgebildet werden als bei der Betrachtung mit bloßem Auge. Zum anderen wird das Licht gesammelt und das beobachtete Objekt erscheint uns damit heller. Etwa gleichzeitig mit dem Linsenfernrohr kamen auch die ersten Spiegelteleskope auf. Bild 3 zeigt ein Spiegelteleskop von ISAAC NEWTON.

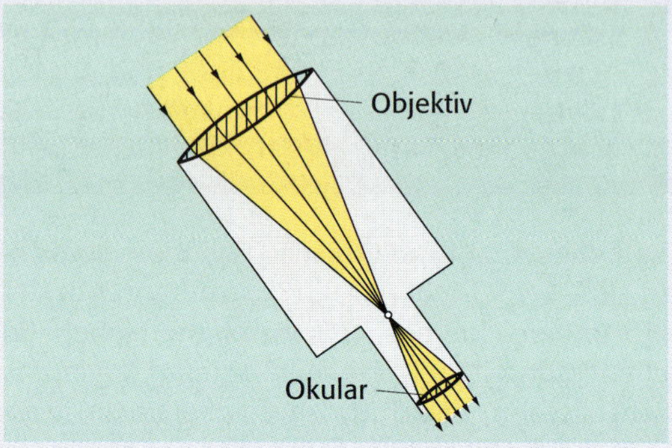

2 Strahlengang im keplerschen Fernrohr: Das Objektiv wirkt wie eine Sammellinse. Das entstehende Zwischenbild wird mit dem Okular betrachtet.

Seitdem standen Linsenfernrohre und Spiegelteleskope für lange Zeit im Wettstreit miteinander. Entscheidend waren immer die jeweiligen Vor- oder Nachteile.
Der Hauptnachteil der Linsenfernrohre bestand in den Farbsäumen der Bilder, die als Folge von Abbildungsfehlern auftraten.

1 Mit Linsenfernrohren erforschte GALILEI die Welt der Gestirne (1609) und entdeckte u.a. vier Jupitermonde sowie Berge und Täler auf dem Mond.

3 ISAAC NEWTON war der Erste, der mit einem einfachen Spiegelteleskop Himmelsbeobachtungen durchführte.

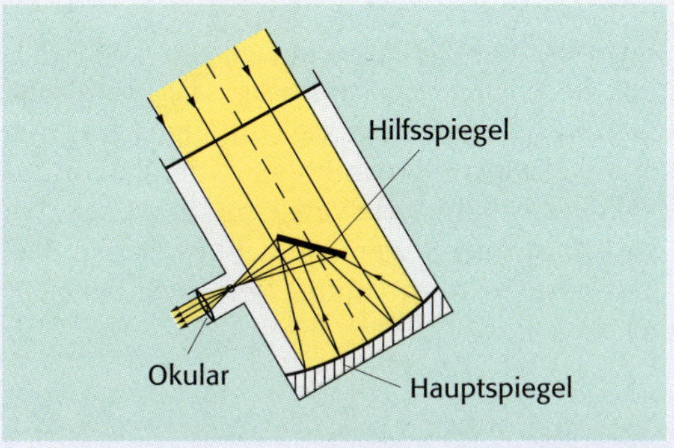

1 Strahlengang beim Spiegelteleskop nach NEWTON: Das Licht wird vom Hauptspiegel auf einen Hilfsspiegel und von diesem zum Okular gelenkt.

Der abbildende Spiegel konnte dagegen farbfehlerfreie Bilder vorweisen, was ihn der Linse überlegen machte.
Später konnten durch neue Konstruktionen die Farbfehler bei Linsen vermieden werden. Im Unterschied zu Spiegeln war es aber bei Linsenfernrohren nicht möglich, den Durchmesser der Objektive wesentlich zu vergrößern. Das größte jemals hergestellte Fernrohrobjektiv mit 102 cm Öffnung wurde für das Yerkes-Observatorium in den USA entwickelt.
Die Spiegeldurchmesser jedoch wurden immer größer, und damit konnte man in entferntere Bereiche des Universums vordringen. Meilensteine auf diesem Weg waren der Hooker-Spiegel des Mt. Wilson-Observatoriums (USA) mit einem Spiegeldurchmesser von 2,5 m (1918) und der 5-m-Spiegel des Mt. Palomar-Observatoriums (1949). Beiden Instrumenten verdanken wir bahnbrechende neue Erkenntnisse über das Universums. In der Planung befinden sich Teleskope mit Spiegeldurchmessern von 6 m bis 15 m. Eines der größten Teleskope wird gegenwärtig für die Europäische Südsternwarte (ESO) aufgebaut. Die ESO wurde 1962 gegründet. An ihr ist auch Deutschland beteiligt. Das Observatorium der ESO befindet sich in 2400 m Höhe auf dem Berg La Silla, 600 km nördlich von Santiago de Chile.

2 Das Very Large Telescope der Europäischen Südsternwarte (ESO) besteht aus vier einzelnen Teleskopen mit Spiegeln von je 8 m Durchmesser. Die Teleskope können sowohl einzeln als auch zusammen betrieben werden. Das erste Teleskop wurde 1998 in Betrieb genommen, die gesamte Anlage wird 2001 arbeiten.

Auch Teilchen werden untersucht

Außer den elektromagnetischen Wellen erreichen uns auch Teilchen aus dem Weltall, die **kosmische Strahlung**. Die kosmische Strahlung kann nach verschiedenen Wechselwirkungen mit den Teilchen der Atmosphäre als Sekundärstrahlung in den Laboratorien nachgewiesen werden. Es gibt viele Vorgänge im Weltall, bei denen Elektronen, Neutrinos oder andere Elementarteilchen freigesetzt und auf teilweise extrem hohe Geschwindigkeiten beschleunigt werden.

Alle aus dem Kosmos stammenden Teilchen bilden die kosmische Strahlung, eine Teilchenstrahlung.

Ein völlig neuer Zweig der Astronomie entwickelt sich seit einiger Zeit auf der Grundlage des Nachweises von Neutrinos aus dem Weltall. Er wird als **Neutrinoastronomie** bezeichnet.
Neutrinos sind Elementarteilchen, die wahrscheinlich eine geringfügige Ruhemasse besitzen und kaum mit Materie in Wechselwirkung treten. Sie entstehen in großer Zahl bei vielen Prozessen im Universum, so z.B. bei der Fusion von Wasserstoff zu Helium im Inneren der Sonne und der anderen Sterne. Da Neutrinos extrem geringe Wechselwirkung zeigen, gelangen sie aus dem tiefen Inneren der Sterne praktisch ungehindert in den Weltraum und damit auch zur Erde. Insofern gestatten uns die Neutrinos, einen Blick ins Innere der Sterne zu werfen und Modelle der Energiefreisetzung zu überprüfen.
Doch dieser Vorteil ihrer extrem geringen Wechselwirkung wird zum Problem, wenn sie beobachtet werden sollen. Am besten geeignet zum Nachweis von Neutrinos sind radiochemische Methoden (Bild 1). Gegenwärtig arbeiten einige solcher und anderer Detektoren, mehrere weitere sind im Bau.

1 So sieht ein modernes Neutrinoteleskop aus: In einem stillgelegten Bergwerk befindet sich ein riesiger Tank mit Tetrachlorethen. In dieser Flüssigkeit finden die Wechselwirkungen der Chloratome des Tetrachlorethens mit den Neutrinos statt. Die dabei entstehenden radioaktiven Atome des Edelgases Argon werden in einem komplizierten Verfahren „herausgefischt" und dienen als Indikator für die Neutrinos.

Beobachtungsgeräte und Registrierapparate

Astronomische Beobachtungen im Bereich des sichtbaren Lichtes erfolgen mit Fernrohren. Oft wird unterstellt, die wesentliche Aufgabe der Fernrohre würde darin bestehen, die Himmelsobjekte extrem zu vergrößern. Obgleich hohe Vergrößerungen nicht unerwünscht sind, **besteht die wichtigste Aufgabe eines Fernrohres darin, möglichst viel Licht zu sammeln.** Mit der recht kleinen Oberfläche des menschlichen Auges kann man in einer klaren Nacht rund 3000 Sterne wahrnehmen. Schon ein flüchtiger Blick durch ein Fernrohr demonstriert dessen Wirkung als „Lichtsammler". Man erkennt mit Hilfe des Gerätes deutlich mehr Sterne, als mit bloßem Auge. Dieser Effekt entsteht, weil die optische Fläche des Fernrohres größer als die des Auges ist.

1 Linsenfernrohr der Universitätssternwarte Bonn

> Im Fernrohr wird das Licht entweder mit Hilfe einer Objektivlinse (Refraktor) oder eines Hohlspiegels (Spiegelteleskop) gebündelt. Für den Bau sehr großer Fernrohre sind Spiegel besser geeignet.

Die durch die Fernrohre entstehenden optischen Abbildungen der Himmelsobjekte hat man früher nur mit dem Auge wahrgenommen, im vorigen Jahrhundert wurden zunehmend fotografische

2 1-m-Spiegelteleskop mit einer CCD-Kamera am Spiegelteleskop der Universitätssternwarte Bonn

Aufnahmen auf **Filmplatten** hergestellt. Beide Verfahren spielen in der modernen Astronomie eine immer geringere Rolle und werden durch den Einsatz von **lichtempfindlichen Halbleiterbauelementen**, den CCD's (**C**harge-**c**oupled **d**evices – engl.), ersetzt. Übrigens findet dieser Wandel auch in der Fotografie statt. Digitalkameras verdrängen zunehmend die klassischen Kleinbildkameras.
Auf einem CCD-Chip befinden sich viele Hunderttausend Bildelemente (Pixel), in denen das einfallende Licht Elektronen erzeugt. Die Elektronenverteilung wird ausgelesen und dann zu einem Computerbild verarbeitet. Neben der Darstellung eines Bildes eignen sich die CCD's auch zur Bestimmung der **Lichtintensität**.
Wie sich die Strahlung aus verschiedenen Wellenlängen zusammensetzt, wird mit Hilfe von **Spektralapparaten** untersucht, die mit Spezialvorrichtungen an die Fernrohre angebaut sind.

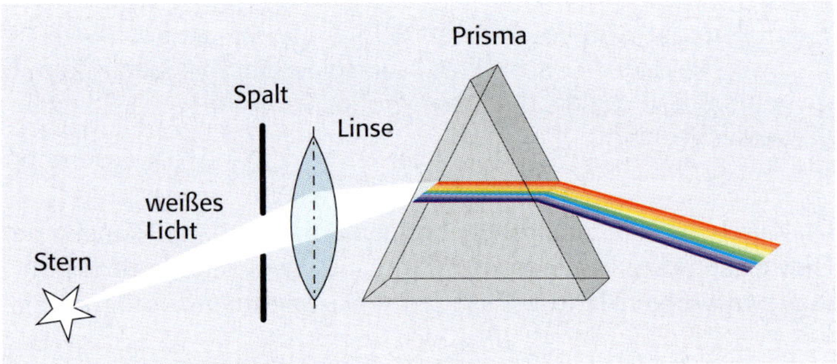

1 Ein einfacher Spektralapparat besteht aus einem Eintrittsspalt, einer Abbildungslinse und einem Prisma. Das Prisma bewirkt die Zerlegung des Lichtes in die einzelnen Wellenlängen (Farben). Genutzt wird dabei, dass die Stärke der Brechung von der Wellenlänge abhängig ist. Blaues Licht (kleine Wellenlänge) wird stärker gebrochen als rotes Licht (große Wellenlänge).

Gibt es eine eigene Physik des Weltalls?

Die physikalischen Erkenntnisse der Menschheit beruhen im Wesentlichen auf Erfahrungen, die sie auf der Oberfläche der Erde gesammelt hat. Könnte es nicht sein, dass auf fernen Weltkörpern ganz andere Naturgesetze wirken, dass dort eine völlig andere Physik als die auf der Erde gilt? Bislang hat die astronomische Forschung immer die gleiche Antwort auf diese Frage erbracht:

> Die Naturgesetze sind universell. Sie wirken im gesamten Weltall in gleicher Weise.

Diese Aussage beinhaltet das **grundlegende Prinzip** der Erforschung des Universums. Auch wenn wir bei der Entstehung einer bestimmten Strahlung auf einem fernen Himmelskörper nicht anwesend waren, dürfen wir aufgrund dieses Prinzips davon ausgehen, dass die Strahlung unter den gleichen Bedingungen auf der Erde exakt ebenso entstanden wäre.

Allwellenastronomie

Mit Fernrohren und Spiegelteleskopen können nur Beobachtungen im sichtbaren Bereich des Spektrums elektromagnetischer Wellen durchgeführt werden. Himmelskörper senden aber auch infrarotes und ultraviolettes Licht aus.
Darüber hinaus hatte KARL GUTHE JANSKY (1905–1950) im Jahre 1932 festgestellt, dass kosmische Objekte auch Strahlung im Radiofrequenzbereich aussenden. Dies führte in Verbindung mit der wissenschaftlich-technischen Entwicklung zur **Allwellenastronomie**, in der die unterschiedlichsten Bereiche elektromagnetischen Wellen, die von außerirdischen Quellen kommen, untersucht werden.
Da neben der optischen Strahlung auch weite Bereiche von Radiostrahlung die Atmosphäre passieren und bis zur Erdoberfläche gelangen, ist es folgerichtig, dass sich als erster Zweig der nichtoptischen Astronomie die **Radioastronomie** entwickelte. Ihr verdanken wir eine Fülle von grundlegenden Erkenntnissen über den Aufbau des Weltalls und die Natur der dort ablaufenden Prozesse.

1 Das größte bewegliche Radioteleskop der Erde in Effelsberg bei Bonn verfügt über einen Reflektor von 100 m Durchmesser.

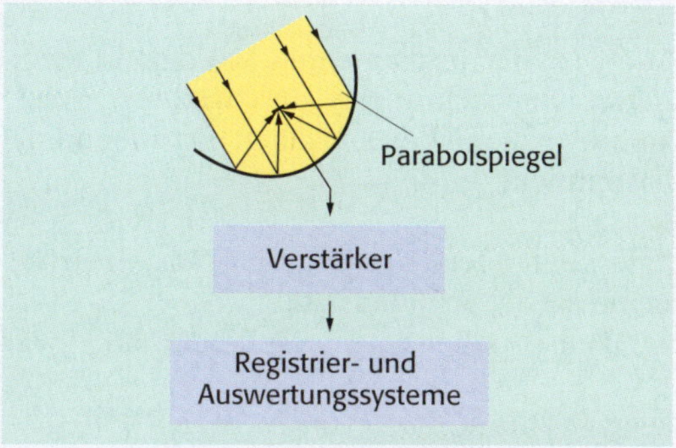

2 Radioteleskope sind mit Registrier- und Auswertungssystemen verbunden.

Die Teleskope dieses modernen Zweiges der astronomischen Forschung sehen verständlicherweise ganz anders aus als die herkömmlichen Fernrohre der optischen Astronomie (Bild 1). Die Radiostrahlung wird zumeist durch Parabolspiegel gesammelt und durch einen speziellen Empfänger in elektrische Signale verwandelt. Diese werden dann verstärkt, zur Anzeige gebracht oder gespeichert (Bild 2).
Astronomische Beobachtungen in jenen Bereichen des elektromagnetischen Spektrums, die von der Erdatmosphäre zurückgehalten werden, sind erst in jüngerer Vergangenheit möglich geworden.
Die Untersuchung in diesen Wellenlängenbereichen (Gammaastronomie, Röntgenastronomie) wurde mehrfach mit speziell für diesen Zweck ausgerüsteten Satelliten durchgeführt. Bekannt wurden insbesondere die erfolgreichen Kartierungen des Himmels im Röntgenfrequenzbereich durch die Satelliten UHURU, EINSTEIN und ROSAT.
Mit den in den neunziger Jahren gestarteten Satelliten und dem Weltraumteleskop HUBBLE wurden in den letzten Jahren zahlreiche bisher unbekannte kosmische Objekte entdeckt.

Aufgaben

1. Mit welchen Instrumenten wurden in der Antike Beobachtungen durchgeführt? Was konnte man mit den einzelnen Instrumenten bestimmen?

2. Eines der ältesten astronomischen Instrumente ist der Schattenstab.
   a) Baue dir einen solchen Schattenstab!

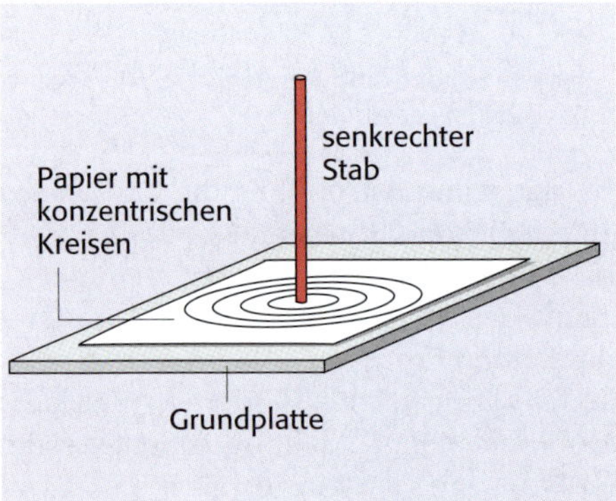

   Dazu wird auf einer Grundplatte ein Stab senkrecht befestigt. Auf einem Blatt Papier werden konzentrische Kreise gezeichnet. Das Blatt Papier wird so auf die Grundplatte gelegt, dass sich der Stab im Mittelpunkt der Kreise befindet. Bei mehrfacher Verwendung kann das Papier leicht ausgewechselt werden.
   Beachte: Bei einer Stabhöhe von 15 cm können Schattenlängen von ca. 50 cm auftreten.
   b) Bestimme mit Hilfe des Schattenstabes die Nord-Süd-Richtung!
   c) Bestimme für deinen Heimatort die Zeit für den wahren Mittag!
   d) Vergleiche die Zeit für den wahren Mittag an deinem Heimatort mit dem Mittag in MEZ!
   Erkläre den Unterschied!

3. Schildere wesentliche Etappen des Wettlaufs zwischen Linsen- und Spiegelfernrohren!

4. Weshalb kann man mit Spiegelteleskopen heute viel weiter in das Universum vordringen als mit Linsenfernrohren?

5. Viele Vorgänge lassen sich aus unterschiedlichen Gründen niemals direkt beobachten. Beispielsweise kann man den Kern der Erde nicht sehen und trotzdem Aussagen zu seinem Aufbau machen.
   Nenne weitere Beispiele für dir bekannte Vorgänge oder physikalische Zustände, die zwar nicht direkt zu beobachten sind, zu denen man aber trotzdem Aussagen machen kann!

6. In welchen Wellenlängenbereichen des elektromagnetischen Spektrums werden heute die Objekte des Weltalls untersucht?

7. Geräte zur Erzeugung und zum Empfang der verschiedenen elektromagnetischen Strahlungsformen sind auch im täglichen Leben weit verbreitet.
   Nenne je eine dir bekannte Anwendung von Röntgenstrahlung, UV-Strahlung, Wärmestrahlung und Radiostrahlung!

8. Das menschliche Auge nimmt Licht mit besonders hoher Empfindlichkeit stets dann wahr, wenn es eine ähnliche Zusammensetzung wie das Sonnenlicht besitzt. Außerdem befindet sich der Bereich des sichtbaren Lichtes innerhalb des optischen Fensters der Erdatmosphäre.
   Erläutere, weshalb die genannten Übereinstimmungen sicher nicht zufällig sind! Beziehe in deine Antwort auch deine Kenntnisse über die biologische Entwicklung der Arten und deren Anpassung an Umweltbedingungen ein!

9. Begründe, weshalb man die Röntgenstrahlung von Himmelskörpern mit Hilfe von Satelliten untersucht!

10. Nenne einige Vorteile, die der Einsatz von CCD-Kameras mit sich bringt!

Das Wichtigste im Überblick

Die Astronomie ist eine Naturwissenschaft. Grundlage der astronomischen Forschung ist die Erkenntnis:

> Alle Naturgesetze wirken im Weltall – sofern ihre Gültigkeitsbedingungen erfüllt sind – in gleicher Weise.

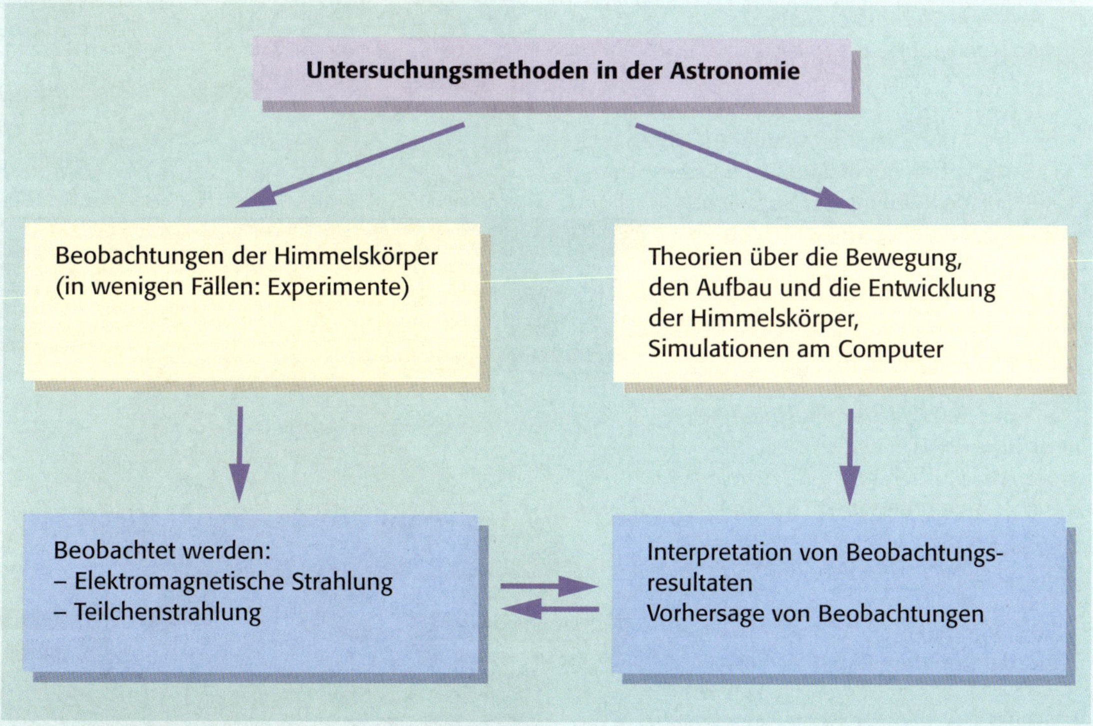

Aus der **Richtung der elektromagnetischen Strahlung**, ihrer **Zusammensetzung** und ihrer **Intensität** können wichtige Erkenntnisse gewonnen werden.

Richtung der elektromagnetischen Strahlung → ermöglicht Aussagen zur Position und zur Bewegung von Himmelskörpern.

Zusammensetzung und Intensität der elektromagnetischen Strahlung → ermöglicht Aussagen zu physikalischen und chemischen Bedingungen, zum Aufbau von Himmelskörpern und zu ihrer Entfernung.

Beobachtungsgeräte: Fernrohre, Radioteleskope, Röntgensatelliten, Infrarotsatelliten
Registrierapparate: CCD-Kameras, Spektralapparate

1.3 Orientierung am Sternhimmel

Wenn wir in einer klaren Nacht zum Himmel schauen, sehen wir eine große Anzahl von Sternen. Wahrscheinlich schon vor 10 000 Jahren hat man begonnen, markante Sterne in Gedanken durch Linien miteinander zu verbinden, in denen dann die Umrisse bestimmter Gestalten gesehen wurden. Ein Beispiel dafür ist das Sternbild Löwe.

Wie viele Sternbilder gibt es?

Wie kann man sich mit Hilfe von Sternbildern am Himmel orientieren?

Vor der Erfindung der tragbaren Uhren waren viele Menschen mit erstaunlicher Sicherheit in der Lage, aus der Stellung der Sonne, des Mondes und der Sterne am Himmelszelt die ungefähre Uhrzeit anzugeben. Später wurden dann auch Sonnenuhren genutzt, wie man sie heute noch an vielen Gebäuden oder in Parks findet.

Wie kann man aus Himmelsbeobachtungen auf die Uhrzeit schließen?

Wodurch ist unser Zeitmaß festgelegt?

Welche astronomischen Zusammenhänge müssen beim Bau einer Sonnenuhr berücksichtigt werden?

Für Jahrtausende hielt man die Erde für den Mittelpunkt der Welt, um den sich alle anderen Himmelskörper drehen. Auch heute scheinen sich der Mond und die Sterne zu bewegen, wenn man eine Fotoaufnahme mit langer Belichtungszeit macht. Heute wissen wir, dass die scheinbare Bewegung der Sterne durch die Rotation der Erde zustande kommt.

Weshalb war es so schwierig, die richtigen Bewegungsverhältnisse zu entschlüsseln?

Wieso konnten auch viele der besten Gelehrten der Vergangenheit einer derartigen Täuschung erliegen?

Die scheinbare Himmelskugel

Bei kosmischen Entfernungsverhältnissen versagt die räumliche Wahrnehmung. Wir sind deshalb unfähig, durch bloßes Hinschauen zu erkennen, welche Himmelskörper weiter als andere von der Erde entfernt sind. Vielmehr gelangt man zu dem Sinneseindruck, alle Gestirne würden sich an einer weit entfernten Kugelfläche befinden, die man als **scheinbare Himmelskugel** bezeichnet.

> Die scheinbare Himmelskugel ist eine gedachte Kugel, auf der man die Gestirne wahrnimmt.

Um die Orientierung an der scheinbaren Himmelskugel zu erleichtern, hat man sie gedanklich mit mehreren Hilfslinien und Punkten ausgestattet (Bild 1).
An einem beliebigen Beobachtungsstandort auf der Erdoberfläche besitzt die scheinbare Himmelskugel das Aussehen einer Halbkugel, die vom **natürlichen Horizont** begrenzt wird. Der natürliche Horizont verdeckt unter Umständen eine große Fläche dieser Halbkugel, etwa wenn man sich in der Nähe hoher Berge aufhält. Für astronomische Beobachtungen sieht man (jedenfalls zunächst) von diesen speziellen Umgebungsbedingungen ab und idealisiert den Horizont zu einer weit entfernten Kreislinie um den Beobachter. Die Orientierung auf dem Horizont wird durch die Angabe der **Himmelsrichtungen** (Nord, Süd, Ost, West) erleichtert. Senkrecht über der Beobachtungsstelle befindet sich der **Zenit**.

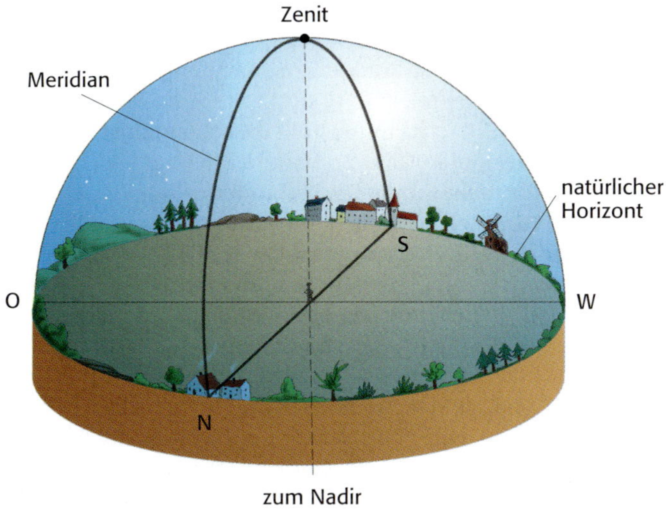

1 Die scheinbare Himmelskugel über dem natürlichen Horizont. Eingezeichnet sind Hilfslinien und Punkte.

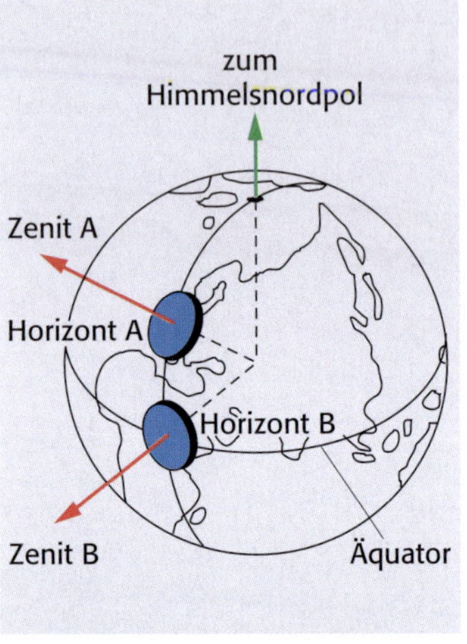

1 Horizont, Zenit und damit auch Nadir sind vom jeweiligen Beobachtungsstandort abhängig.

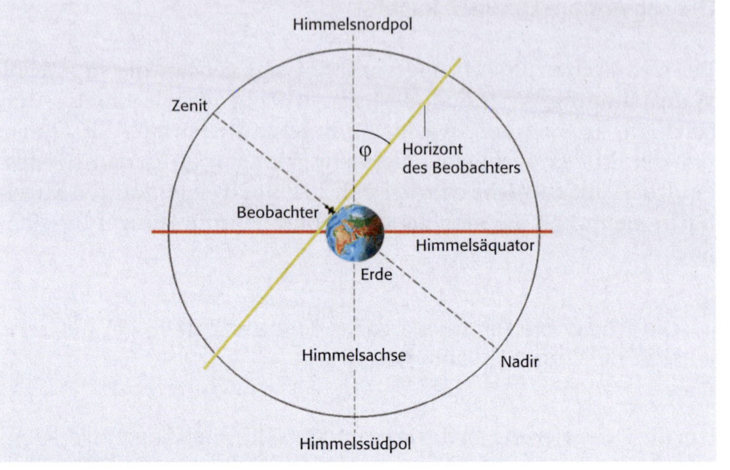

2 Scheinbare Himmelskugel mit dem Horizont des Beobachters auf der Erde

Der Gegenpunkt zum Zenit ist der **Nadir**. Man findet den Nadir, indem gedanklich die vom Zenit über den Beobachtungsstandort führende Linie bis zur unsichtbaren Hälfte der Himmelskugel verlängert wird. Der vom Nordpunkt über den Zenit, den Südpunkt und den Nadir verlaufende Kreis wird als **Meridian** bezeichnet.

Auf der gekrümmten Erdoberfläche haben die Lage von Horizont, Zenit und Nadir nur in Bezug auf den jeweiligen Beobachtungsstandort eine Bedeutung. Für zwei verschiedene Orte auf der Erde weist zum Beispiel der Zenit in völlig andere Raumrichtungen. Auch die Lage des Horizonts ist vom Beobachtungsstandort abhängig (Bild 1).

Es ist deshalb notwendig, die gesamte Himmelskugel auch noch mit solchen Linien und Punkten zu versehen, die von der Willkür der Standortwahl befreit sind.

Die verlängerte Erdachse durchstößt die scheinbare Himmelskugel in den **Himmelspolen** (Bild 2). Man bezeichnet sie als **Himmelsnord-** und **Himmelssüdpol**. Die Verbindungslinie zwischen beiden Polen wird **Himmelsachse** genannt. Senkrecht auf der Himmelsachse steht der **Himmelsäquator**, der im Grunde nichts anderes ist, als der zum Himmel projizierte Erdäquator.

Nur für einen Beobachter am Nordpol der Erde fallen Zenit und Nadir mit den Himmelspolen zusammen. Für alle anderen Stellen auf der nördlichen Erdkugel besitzt der Himmelsnordpol eine geringere Höhe als der Zenit. Man nennt den Winkel zwischen Himmelsnordpol und Nordpunkt am Horizont des Beobachters die **Polhöhe**. Die Polhöhe ist für einen bestimmten Beobachtungsort gleich der geografischen Breite.

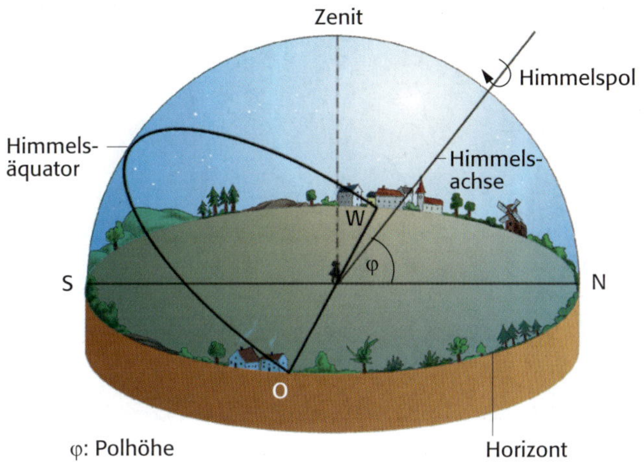

1 Scheinbare Himmelskugel mit Hilfslinien aus der Sicht des Beobachters auf der Erde

> Zur Orientierung am Sternhimmel nutzt man die scheinbare Himmelskugel mit festgelegten Linien und Punkten (Zenit, Nadir, Meridian, Horizont, Himmelspole, Himmelsäquator).

Sternbilder

Um sich nachts zu orientieren, eignen sich gedachte Linien und Punkte nur bedingt. Für einen „Spaziergang" am Himmel bedient man sich besser der **Sternbilder**. Die Sterne sind im Grunde zufällig an der Himmelskugel verteilt, dennoch haben wohl alle Kulturvölker in der Geschichte der Menschheit ihre Sagen- und Erfahrungswelt mit Hilfe der Fantasie an das Sternenzelt gebracht (Bild 2). Manche Sterngruppen sind so an der Himmelskugel angeordnet, dass das menschliche Auge fast unwillkürlich geneigt ist, bestimmte Figuren in dieser Anordnung zu erblicken. Auch wenn solche Bilder in Wahrheit nicht vorhanden sind, lassen sie sich sehr gut für die praktischen Zwecke der Orientierung nutzen.

> Mit Hilfe der Sternbilder kann man sich an der scheinbaren Himmelskugel orientieren.

Heute sind insgesamt 88 Sternbilder gebräuchlich. Von einem bestimmten Beobachtungsort aus kann man jeweils nur einen Teil dieser Sternbilder beobachten.

2 Sternbild-Darstellung der australischer Ureinwohner mit den Sternen des Siebengestirns im Zentrum

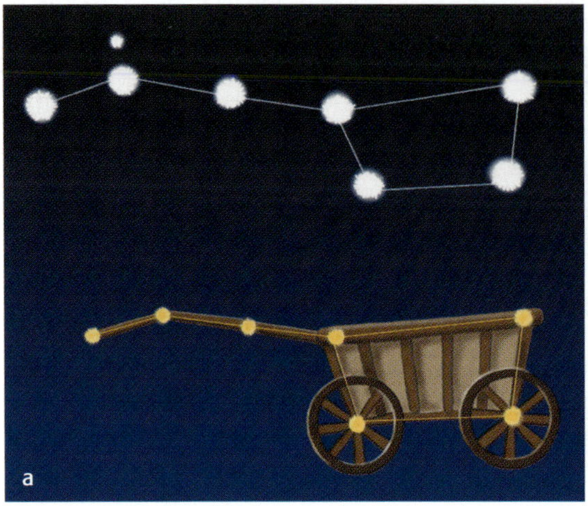

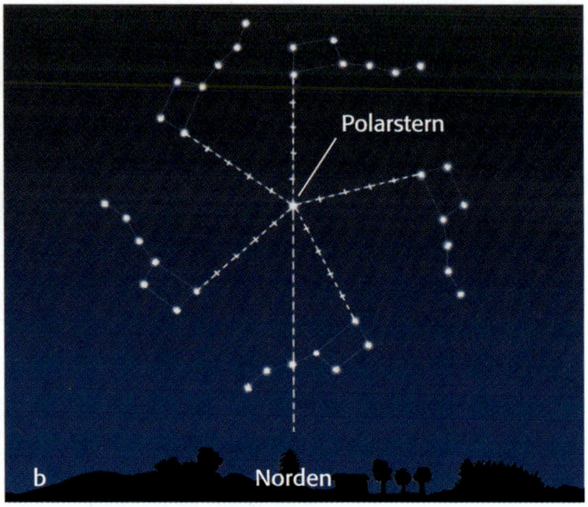

1 Der Große Wagen ist Teil des Sternbildes Große Bärin. Mit seiner Hilfe kann man nachts die Nordrichtung bestimmen.

Eines der bekanntesten Bilder ist der **Große Wagen**, der nur einen kleineren Teil des Sternbildes der **Großen Bärin** bildet (Bild 1a). Mit Hilfe dieses Sternbildes findet man leicht den Polarstern, der fast genau am Himmelsnordpol steht. Letztlich hat man damit auch die Nordrichtung auf der Erdoberfläche festgelegt (Bild 1b).
In der warmen Jahreszeit sieht man das sogenannte Sommer-Dreieck am Himmelszelt, das aus drei separaten Sternbildern besteht, dem **Schwan**, der **Leier** und dem **Adler**. Das Dreieck selbst entsteht durch die jeweils hellsten Sterne dieser Sternbilder, die (in obiger Sternbildreihenfolge) Deneb, Wega und Atair heißen. Das schönste Sternbild des Wintersternhimmels ist der **Orion**, dessen Sterne so charakteristisch angeordnet sind, dass auch alle diejenigen, die nur mit wenig Fantasie begabt sind, mühelos eine aufrecht stehende menschliche Gestalt erkennen können. Die drei mittleren Sterne dieses Sternbildes, man nennt sie auch die Gürtelsterne des Orion, liegen etwa auf dem Himmelsäquator (↗ Bild 1, S. 43).

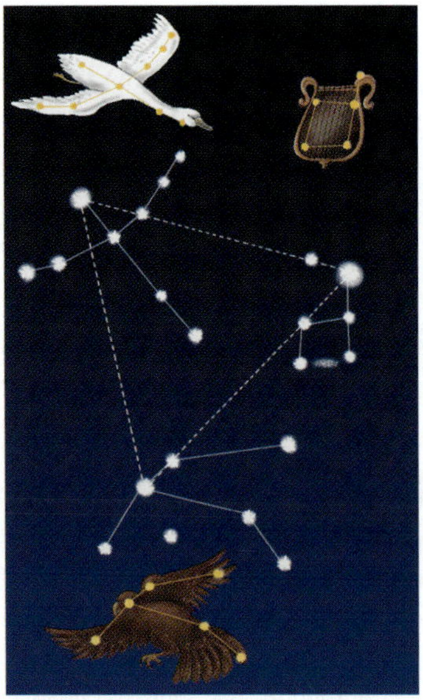

2 Sommerdreieck mit den Sternbildern Schwan, Leier und Adler

> Die Orientierung am Sternhimmel kann mit Hilfe von Sternbildern erfolgen. Mit Hilfe des Polarsterns kann man die Lage des Himmelsnordpols und mit Hilfe der Gürtelsterne des Orion den Himmelsäquator auffinden.

Die Erde als Beobachtungsstandort

Wer in einer klaren Nacht über längere Zeit zum Himmel blickt, bemerkt, dass die Sterne und der Mond ihre Positionen verändern. Beobachtet man in südlicher Richtung, scheinen sie sich – ebenso wie die Sonne am Tage – von Ost nach West zu bewegen.

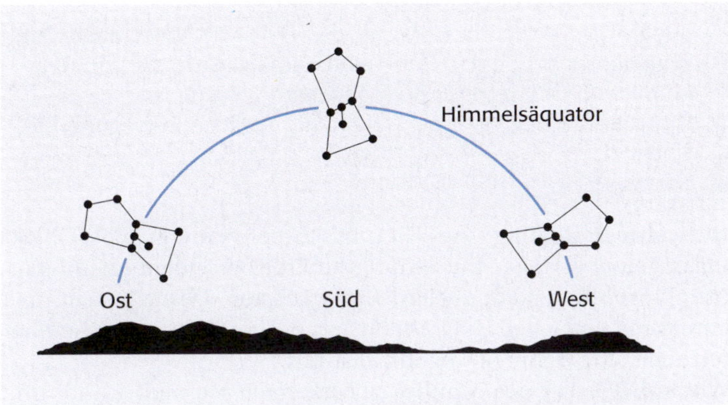

1 Das Sternbild Orion. Mit seiner Hilfe kann man die Lage des Himmelsäquators abschätzen.

Beobachtet man den Mond an zwei aufeinander folgenden Tagen vom gleichen Ort zur gleichen Zeit, dann stellt man fest: Der Mond befindet sich nicht an der gleichen Stelle, sondern erreicht erst etwa eine Stunde später wieder dieselbe Position. Außerdem hat der Mond seine Position gegenüber den Sternen verändert (Bild 2). Er hat sich selbst bewegt. Die Positionsveränderungen von Himmelskörpern ergeben sich aus der täglichen Rotation der Erde um ihre Achse und der tatsächlichen Bewegung der Himmelskörper. Vergleichbar ist das mit einem Karussell, bei dem jeder schon feststellen konnte: Als Mitfahrer hat man den Eindruck, dass sich die Personen, die das Karussell umringen, selbst bewegen, und zwar *entgegen der Drehrichtung* des Karussells. Diese in Wirklichkeit nicht stattfindende Lageveränderung ist **scheinbar**. Sofern einige Zuschauer allerdings auf dem Jahrmarkt umherlaufen, ändern sie ihren Aufenthaltsort in Bezug zum Karussell tatsächlich.

Natürlich sind alle Himmelskörper physikalische Objekte und besitzen deshalb die **grundlegende Eigenschaft, sich auch selbst bewegen zu können**. Sie können eine **wahre Bewegung** ausführen.

2 Beobachtet man von einem bestimmten Standort aus den Mond, so kann man eine ständige Veränderung seiner Position und auch seiner Phase feststellen.

**Infolge der täglichen Rotation der Erde von West nach Ost scheinen sich für einen Beobachter auf der Erde die Himmelskörper von Ost nach West zu bewegen.
Diese Bewegung wird als scheinbare tägliche Bewegung bezeichnet.**

Die **wahre Bewegung** eines Himmelskörpers kann man bei Objekten mit einer geringen Entfernung zur Erde besonders gut untersuchen. Der Mond steht der Erde am nächsten. Deshalb stellt man bereits mit einfachen Hilfsmitteln fest, dass er neben der scheinbaren auch eine wahre Bewegung ausführt.
Wie am Beispiel des Mondes zu erkennen ist, sind wahre und scheinbare Bewegungen immer nur **gleichzeitig** zu sehen. Es hat deshalb einer langen Zeit bedurft, bis man in der Lage war, beide Bewegungsformen auf richtige Weise voneinander zu trennen und so die physikalischen **Bewegungsverhältnisse** im Weltall zu entschlüsseln.

Die scheinbare tägliche Bewegung der Sonne

An einem wolkenlosen Tag lässt sich die scheinbare tägliche Bewegung der Sonne beobachten (Bild 1). Genauer kann die Bewegung der Sonne mit Hilfe eines Schattenstabes verfolgt werden. Die Länge seines Schattens verhält sich umgekehrt wie die Höhe der Sonne über dem Horizont. Morgens geht die Sonne in Ostrichtung auf. Mittags erreicht sie ihre größte Höhe, sie steht dann genau über dem Südpunkt. In der zweiten Tageshälfte verringert sich die

1 Mehrere zeitlich nacheinander aufgenommene Fotografien eines Sonnenunterganges von einem bestimmten Ort aus zeigen die scheinbare Bewegung der Sonne.

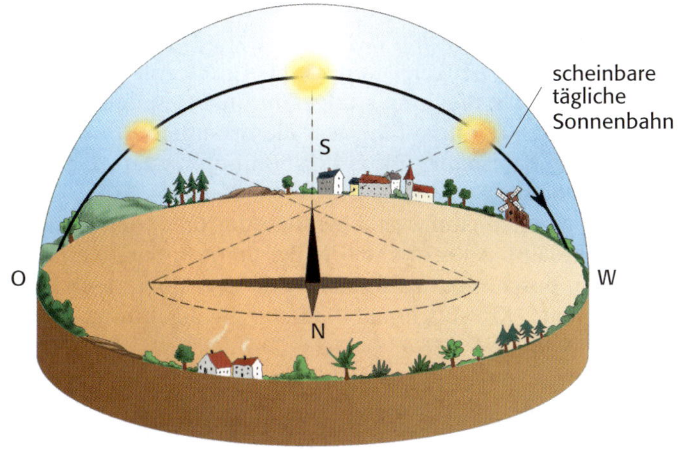

1 Die scheinbare Bewegung der Sonne von Ost nach West kommt durch die Rotation der Erde zustande. Der Zeitpunkt des kürzesten Schattens ist gleich dem wahren Mittag.

Sonnenhöhe beständig. Der Sonnenuntergang erfolgt in westlicher Richtung (Bild 1).

Die scheinbare tägliche Bewegung der Sterne

Nicht alle Sterne gehen wie die Sonne täglich auf und unter. Da sich die scheinbare Himmelskugel um den Himmelsnordpol dreht, können solche Sterne, deren Winkeldistanz zum Pol kleiner als die Polhöhe ist, niemals unter den Horizont gelangen. Man bezeichnet sie als **Zirkumpolarsterne** (Bild 2).
Der Große Wagen ist ein Beispiel für ein Zirkumpolarsternbild. Seine Sterne beschreiben während eines Tages Kreisbögen an der

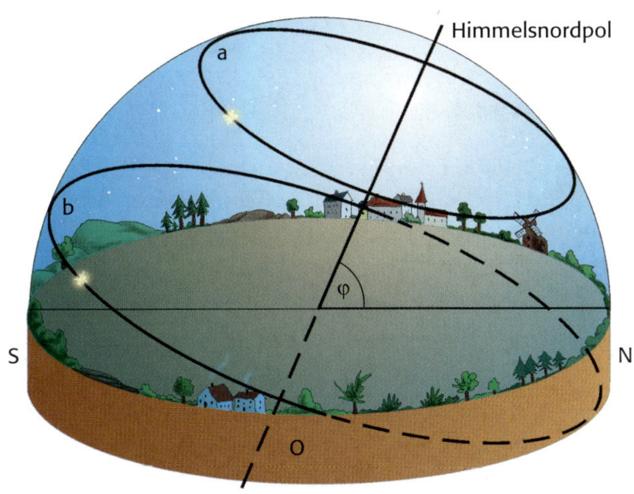

2 Scheinbare tägliche Bahnen von Sternen. Zirkumpolare Sterne gehen niemals unter (a). Daneben gibt es auch Sterne, die wie die Sonne auf- und untergehen (b).

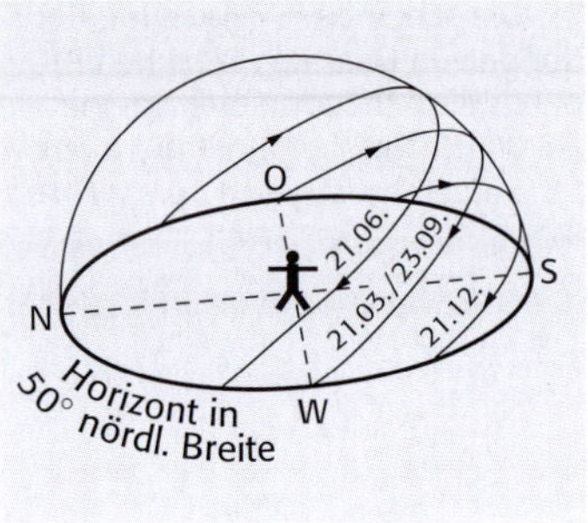

1 Die scheinbaren Bahnen der Sonne am Anfang der Jahreszeiten

Himmelskugel, die man tagsüber nur deshalb nicht sieht, weil die helle Sonne ihr schwaches Licht überstrahlt.
Ein Stern, dessen Winkeldistanz zum Pol größer als die Polhöhe ist, geht, ähnlich wie die Sonne, ungefähr im Osten auf und erreicht stets im Süden auf dem Meridian die maximale Höhe auf seiner scheinbaren Kreisbahn. Diese Position bezeichnet man auch als **Kulmination** des Sterns.
Schließlich taucht er in westlicher Richtung unter den Horizont ab. Von der gesamten Kreisbahn, die der Stern im Laufe eines Tages scheinbar beschreibt, kann man nur den über dem Horizont befindlichen Kreisbogenteil durch Beobachtung verfolgen (↗ Bild 2, S. 45).

> Die Zeit, die vergeht, bis ein Gestirn seine scheinbare Kreisbahn an der Himmelskugel einmal durchlaufen hat, bezeichnet man als Tag.

Diese Zeitspanne beträgt für einen beliebigen Stern stets 23 Stunden 56 Minuten und für die Sonne 24 Stunden. Der Zeitunterschied von vier Minuten erfordert eine Unterscheidung zwischen dem **siderischen Tag** (sidereus lat. bedeutet auf die Sterne bezogen, der auf die Sterne bezogene Tag) und dem **Sonnentag**.
Der Unterschied zwischen siderischem Tag und Sonnentag kommt folgendermaßen zustande: Bezieht man die Rotationszeit der Erde auf die Sonne, so ist sie wegen der Bewegung der Erde um die Sonne 4 Minuten länger als bezüglich der Sterne (Bild 2).

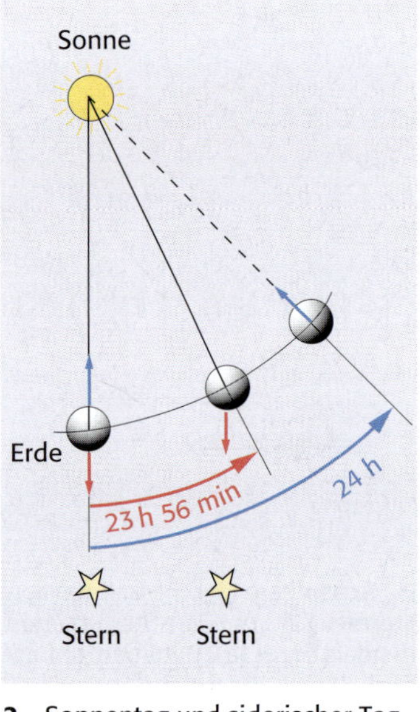

2 Sonnentag und siderischer Tag

> Die wahre Ursache für das Zustandekommen des Tages ist die Rotation der Erde um ihre Achse.

Die jährliche Bewegung

Wie bei der täglichen Bewegung ist auch für die jährliche Bewegung sorgfältig zwischen scheinbarer und wahrer Bewegung zu unterscheiden.

> Im Laufe eines Jahres dreht sich die Erde auf einer kreisähnlichen Bahn genau einmal um die Sonne.

Dieser Satz beschreibt die **wahre Bewegung der Erde**. Der wahren Bewegung entspricht eine **scheinbare jährliche Bewegung der Sonne**, die in folgender Beobachtung begründet ist:

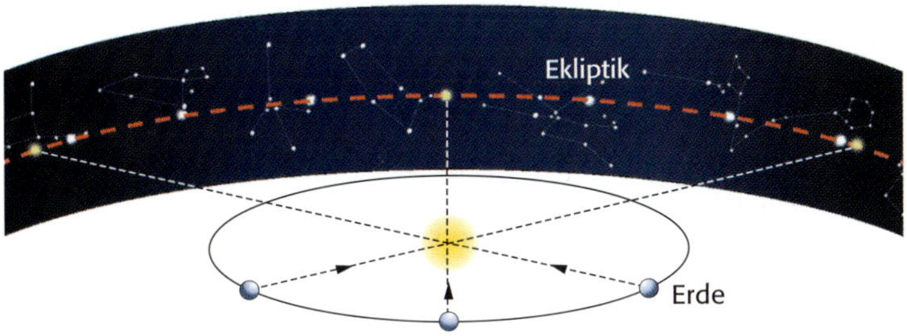

1 Von der Erde aus gesehen scheint die Sonne im Laufe eines Jahres eine Bahn an der scheinbaren Himmelskugel zu beschreiben. Man nennt diese Bahn Ekliptik.

Von der Erde aus gesehen, scheint sich die Sonne vor den Sternbildern entlang zu bewegen. Während das Jahr voranschreitet, überstrahlt ihr helles Licht dabei immer neue Sterne. Sternbilder, die noch einige Zeit zuvor nicht beobachtbar waren, können hingegen allmählich am Morgenhimmel und später die ganze Nacht hindurch gesehen werden. Dieser Vorgang wiederholt sich in der gleichen Weise Jahr für Jahr – die Sonne scheint eine Bahn an der Himmelskugel zu beschreiben, die man **Ekliptik** nennt (Bild 1).

> Ein (siderisches) Jahr ist die Zeitspanne, die zwischen zwei Vorübergängen der Sonne am gleichen Stern vergeht. Die Länge des Jahres beträgt etwa 365,25 Tage.

Mit dem Wort siderisch bringt man zum Ausdruck, dass die Jahreslänge durch die Stellung der Sonne zu einem Stern festgelegt ist. Die Jahreslänge ist kein ganzzahliges Vielfaches der Tageslänge.

2 Tierkreissternbilder und Tierkreiszeichen. Bereits in der Antike wurde die Bahn, die die Sonne scheinbar durchläuft, in 12 gleich lange Abschnitte eingeteilt. Man nennt sie Tierkreiszeichen. Ihre Lage zum Frühlingspunkt hat sich im Laufe der Zeit verändert.

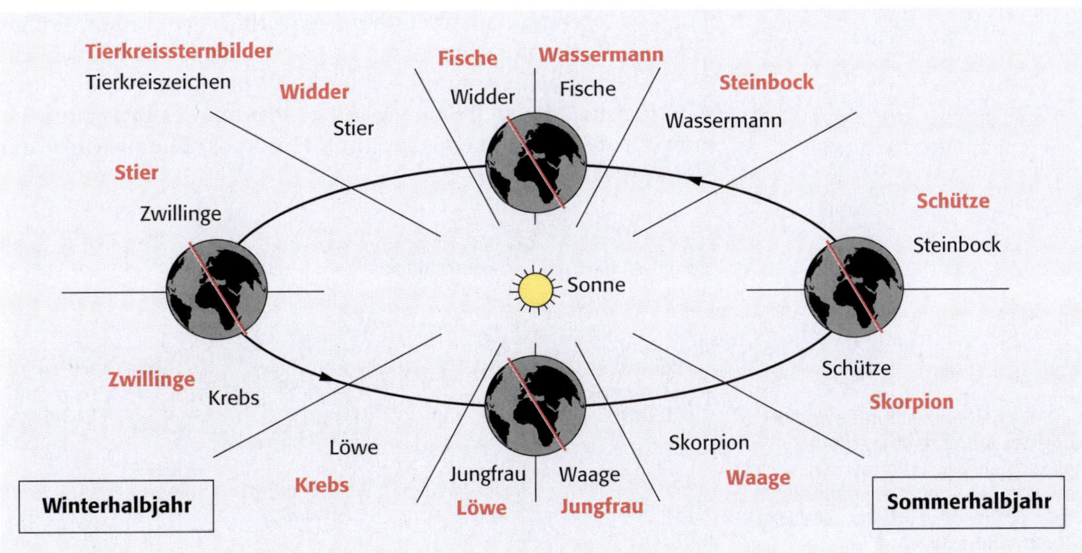

Aus vielen praktischen Gründen muss aber ein Jahr stets mit einem ganzen Tag anfangen. Deshalb rundet man die Jahreslänge zunächst auf 365 Tage ab. Nach jeweils vier Jahren haben sich die verbleibenden Anteile von 0,25 Tagen zu einem ganzen Tag summiert. Man fügt nun nach dem 28. Februar des betreffenden Jahres einen Schalttag in den Kalender ein.
Naturgemäß hat man sich schon seit langem für jene Sternbilder interessiert, durch welche die Ekliptik verläuft – Sternbilder also, in denen zu gewissen Zeiten scheinbar die Sonne steht. Man nennt sie **Tierkreissternbilder** (↗ Bild 2, S. 47).

> Die zwölf Tierkreissternbilder sind: Widder, Stier, Zwillinge, Krebs, Löwe, Jungfrau, Waage, Skorpion, Schütze, Steinbock, Wassermann, Fische.

Manche Astronomen sprechen auch von dreizehn Tierkreissternbildern und beziehen das Sternbild Schlangenträger mit ein.

Die Jahreszeiten

Auch die Ekliptik kann man gedanklich an der scheinbaren Himmelskugel einzeichnen. Dabei stellt sich heraus, dass sich Ekliptik und Himmelsäquator an zwei Stellen, dem **Frühlingspunkt** und dem **Herbstpunkt**, schneiden. Die Ebene der Ekliptik und die Ebene des Himmelsäquators sind um den Winkel von 23,5° gegeneinander geneigt. Dieser an der scheinbaren Himmelskugel getroffenen Feststellung entspricht ein Sachverhalt der wahren Erdbewegung: Die Rotationsachse der Erde steht nicht rechtwinklig auf der Erdbahnebene, sondern schließt mit der Senkrechten einen Winkel von 23,5° ein. Somit verändert sich mit der Bewegung der Erde um die Sonne für einen bestimmten Ort der Einfallswinkel der Sonnenstrahlung (↗ S. 49).

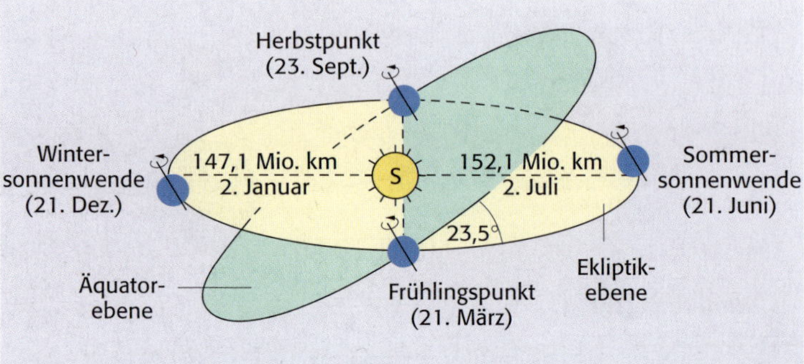

1 Entscheidend ist für die Entstehung der Jahreszeiten nicht die unterschiedliche Entfernung der Erde von der Sonne, sondern die Veränderung des Einfallswinkels der Sonnenstrahlung.

Die Entstehung der Jahreszeiten

Die wahre Lage von Erde, Erdachse und Sonne im Raum wird von einem Beobachter auf der nördlichen Halbkugel als unterschiedliche Mittagshöhe der Sonne wahrgenommen.

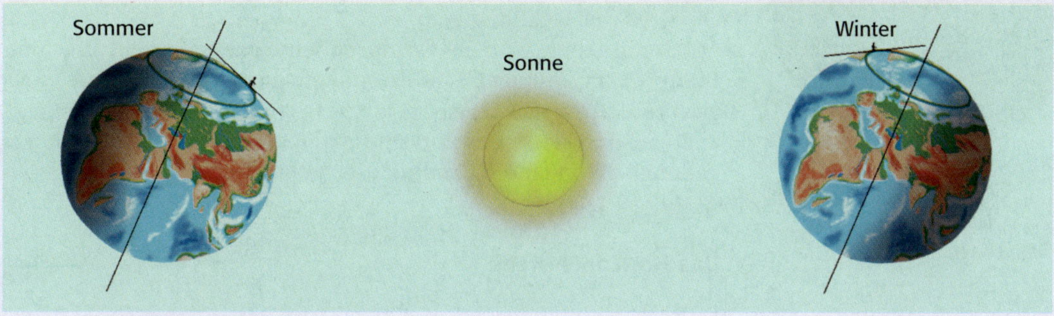

Die scheinbare tägliche Bahn der Sonne verläuft im Sommer (links) anders als im Winter (rechts).

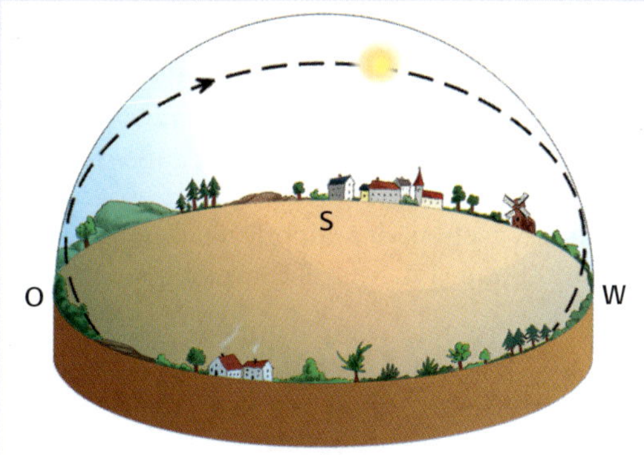

Im **Sommer** haben wir lange Tage, kurze Nächte und eine große Mittagshöhe der Sonne.

Im **Winter** haben wir kurze Tage, lange Nächte und eine geringe Mittagshöhe der Sonne.

Sommer: Großer Einfallswinkel des Lichtes

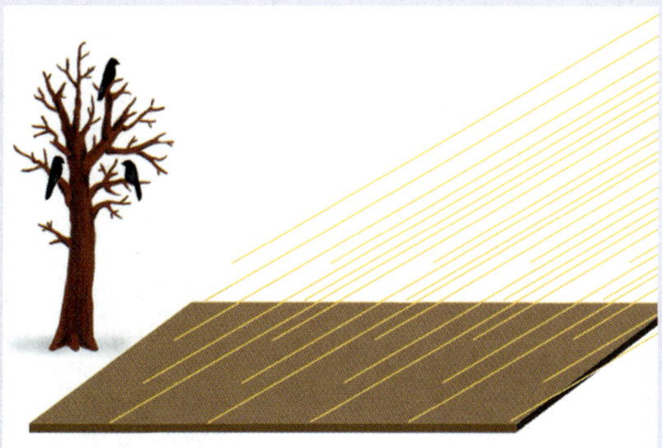

Winter: Kleiner Einfallswinkel des Lichtes

1 In der Geografie erfolgt eine genaue Ortsangabe durch die geografische Länge und Breite.

Astronomische Koordinatensysteme

Ein „Himmelsspaziergang" ist mit Hilfe der Sternbilder möglich. Allerdings sind die Sternbilder großflächige Figuren und die Angabe einer Beobachtung zum Beispiel durch die Worte „im Sternbild Orion" charakterisiert die Position eines untersuchten Objektes nur recht ungenau.
Auf der Erdkugel wird ein Ort durch seine geografische Länge und Breite exakt festgelegt. Es ist naheliegend, die Position eines Gestirns auf ähnliche Weise an der scheinbaren Himmelskugel anzugeben. Dazu ist es notwendig, die scheinbare Himmelskugel gedanklich mit einem **Gradnetz** zu versehen.

Das Horizontsystem

In diesem Koordinatensystem besteht das Gradnetz aus **Horizontalkreisen**, die parallel zum Horizont bis zum Zenit verlaufen und **Vertikalkreisen,** die senkrecht auf den Horizontalkreisen stehen und sich alle im Zenit schneiden. Die Position eines Gestirns wird durch die Angabe von zwei Winkeln festgelegt (Bild 2):
Das **Azimut** ist der Winkel a zwischen dem Südpunkt und dem Fußpunkt des Gestirns auf dem Horizont. Für die Größe des Azimuts gilt: $0° \leq a \leq 360°$.
Die **Höhe** ist der Winkel zwischen der Sichtlinie Beobachter – Gestirn und der Horizontebene. Für die Höhe eines sichtbaren Gestirns gilt: $0° \leq h \leq 90°$.

> Azimute a der Haupthimmelsrichtungen sind: Süd 0°, West 90°, Nord 180°, Ost 270°.
> Die Höhe h des Horizonts beträgt stets 0°, der Zenit besitzt die Höhe 90°.

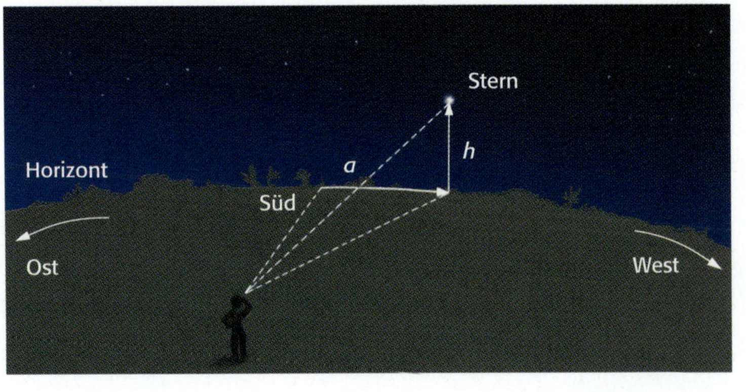

2 Das Horizontsystem mit den Koordinaten Azimut a und Höhe h. Das Azimut wird vom Südpunkt aus in Grad angegeben
Bezugslinie für die Höhe ist der Horizont mit 0°.

Das Horizontsystem ist fest mit dem Beobachtungsstandort verbunden. Die Angabe von Azimut und Höhe hat deshalb nur dann einen Sinn, wenn notiert wird, wo man sich bei der Beobachtung auf der Erdoberfläche aufgehalten hat. Aufgrund der scheinbaren täglichen Bewegung verändern die Himmelsobjekte im Horizontsystem beständig ihre Position. Deshalb ist es unerlässlich, neben dem Beobachtungsort auch die Beobachtungszeit zu vermerken.

Azimut a und Höhe h eines Gestirns sind vom Beobachtungsort und der Beobachtungszeit abhängig.

Das Horizontsystem lässt sich nur dann vorteilhaft verwenden, wenn man seine Positionsmessungen innerhalb einer Beobachtungsgruppe austauschen möchte, die gleichzeitig etwa am selben Ort tätig war.

Das rotierende Äquatorsystem

Durch die Einführung des rotierenden Äquatorsystems löst man sich von der Orts- und Zeitabhängigkeit des Horizontsystems. Dieses Koordinatensystem ist nicht mehr an den Beobachtungsstandort gebunden, sondern an die Rotationsbewegung der scheinbaren Himmelskugel geknüpft. Es folgt der scheinbaren täglichen Bewegung der Sterne und funktioniert ganz ähnlich wie das System der geografischen Koordinaten.
Die Rolle von Erdäquator und Erdpolen übernehmen Himmelsäquator und Himmelspole, anstelle von Länge und Breite verwendet man zur Bezeichnung der Koordinaten die **Rektaszension** und die **Deklination** (Bild 1). Die Längenkreise, die auf der Erde bekanntlich über den Nord- und Südpol verlaufen, erhalten im neuen Koordinatensystem die Bezeichnung **Stundenkreise**.

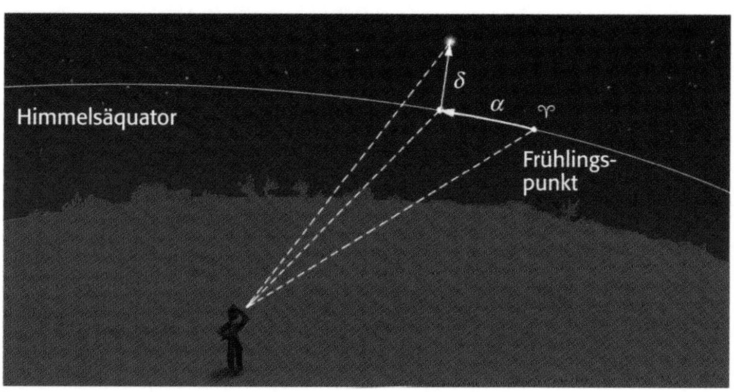

1 Das rotierende Äquatorsystem mit den Koordinaten Rektaszension α und Deklination δ.
Die Rektaszension wird in Stunden, Minuten und Sekunden angegeben, die Deklination in Grad.

Umrechnung von Grad- und Zeitmaß
Der Vollkreis entspricht der Zeit eines Tages. 360° ≙ 24 h
Eine Stunde ist der 24. Teil eines Tages und entspricht somit 360° : 24 = 15°. 15° ≙ 1 h
Ein Grad entspricht dem 15. Teil einer Stunde und somit 60 min : 15 = 4 min. 1° ≙ 4 min

Die **Rektaszension** ist der am Himmelsäquator gemessene Winkel α zwischen dem Stundenkreis des Frühlingspunktes und dem Stundenkreis des Gestirns. Dieser Winkel wird vom Frühlingspunkt ausgehend entgegen der Richtung der scheinbaren täglichen Bewegung der Himmelskugel gezählt. Es ist üblich, die Rektaszension im Zeitmaß anzugeben. Für ein beliebiges Gestirn gilt immer:
$0\,h \leq \alpha \leq 24\,h$.
Die **Deklination** ist der Winkel δ zwischen dem Himmelsäquator und dem Gestirn. Der Winkel wird für Objekte nördlich des Himmelsäquators positiv, südlich von ihm negativ gezählt. Für die Deklination eines Gestirns gilt: $-90° \leq \delta \leq +90°$.

Die Deklination des Himmelsnordpols beträgt +90°, die des Himmelsäquators ist 0°.

Die drehbare Sternkarte

Mit Hilfe der drehbaren Sternkarte ist es möglich, den Anblick des Sternhimmels für eine bestimmte Beobachtungszeit zu ermitteln. Eine drehbare Sternkarte ist im Grunde eine einfache Vorrichtung, mit deren Hilfe man die **scheinbare Drehung der Himmelskugel nachvollziehen** kann.
Jede Sternkarte besteht aus zwei miteinander verbundenen Scheiben:
Auf der **Grundscheibe** ist der gesamte von einem Standort mit fester geografischer Breite im Laufe eines Jahres sichtbare Sternhimmel aufgetragen. Oft beziehen sich drehbare Sternkarten auf den Beobachtungspunkt Berlin. Man kann sie trotzdem mit hinreichender Genauigkeit für jeden Standort innerhalb Deutschlands verwenden. Der auf der Grundscheibe aufgedruckte Sternhimmel wird von einem Kreisring mit einer Kalendereinteilung begrenzt.
Die **Deckscheibe** – meist aus Folie hergestellt – besitzt eine elliptischen durchsichtigen Ausschnitt. Durch diesen Ausschnitt blickt man auf den jeweils sichtbaren Teil des Himmels. Die Angabe der Himmelsrichtung sowie einiger Azimut- und Höhenlinien erleichtert das Ablesen der Koordinaten des Horizontsystems. Die Deckscheibe ist so an der Grundscheibe befestigt, dass sie sich um den Himmelsnordpol drehen lässt. Am äußeren Kreisrand der Deckscheibe befindet sich eine Stundeneinteilung.
Zeitangaben, die man mit Hilfe der drehbaren Sternkarte ermittelt, beziehen sich immer auf die mitteleuropäische Zeit (MEZ). Dieser Umstand ist zu beachten, wenn am Tage der Beobachtung die mitteleuropäische Sommerzeit (MESZ) gilt.

Nutzung der drehbaren Sternkarte

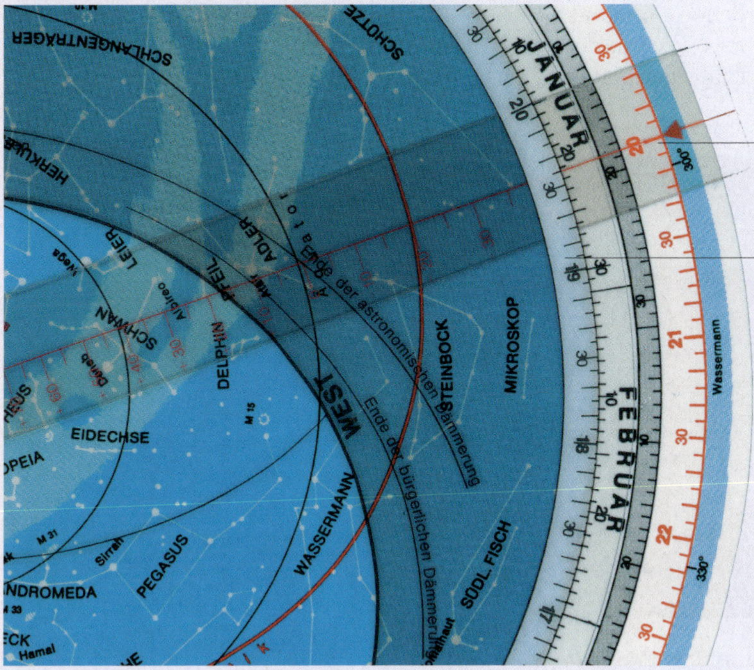

Beispiele für die Nutzung

Welche Sternbilder kann man am 1. Oktober um 21.00 Uhr MEZ sehen?
Es geht um den Bereich des Sternhimmels, den man zu den gegebenen Daten beobachten kann. Man stellt die auf der Deckscheibe aufzufindende Beobachtungszeit (21.00 Uhr) über das auf dem äußeren Kreisring der Grundscheibe verzeichnete Beobachtungsdatum (1. Oktober).
Ergebnis:
Unter dem durchsichtigen Teil der Deckscheibe sind alle zum Beobachtungstermin 1.10. um 21 Uhr sichtbaren Sternbilder zu erkennen, z. B. über dem Südhorizont der Steinbock, in westlicher Richtung Herkules, im Osten der Widder.

Wann geht das Sternbild Orion am 10. Februar auf?
Sterne führen eine scheinbare Bewegung von Ost nach West aus. Demzufolge ist ein gerade aufgehendes Sternbild in östlicher Richtung zu beobachten.
Man dreht den östlichen Rand des Ausschnittes der Deckscheibe auf die Mitte des Orion (Gürtelsterne) und sucht anschließend auf der Grundscheibe das Datum auf (10. Februar).
Ergebnis:
Auf dem Deckscheibenrand liest man direkt über dem Datum die Aufgangszeit ab. Orion geht 14.30 Uhr auf, ist also zum Zeitpunkt des Aufgangs nicht sichtbar.

Aufgaben

1. a) Fertige nach dem abgebildeten Beispiel eine Zeichnung des natürlichen Horizonts an, so wie er sich dir beim Blick aus der Wohnung oder von einem nahe gelegenen Punkt bietet (Rundblick)!

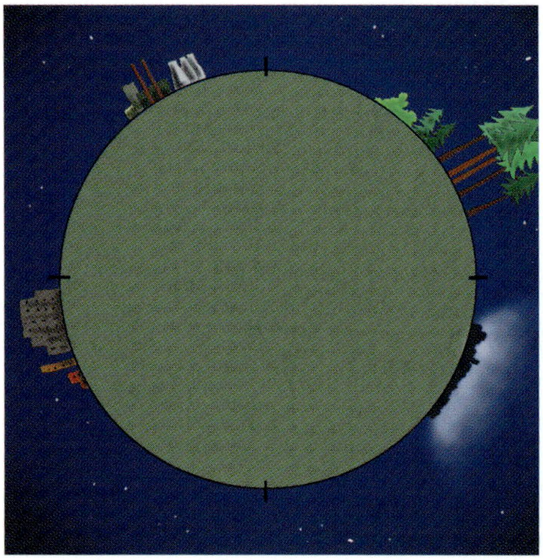

b) Schätze grob die Winkelhöhe markanter Objekte, die den Horizont begrenzen, und trage diese in deine Zeichnung ein!

c) Schätze die Helligkeit von störenden Fremdlichtquellen ein (a, b oder c)!

(a) Es sind viele Straßenlaternen und intensiver Autoverkehr auch nachts vorhanden; man sieht nur die hellsten Sterne am Himmelszelt.

(b) Es gibt einige Fremdlichtquellen; außer den hellsten Sternen sind auch weitere Sterne zu erkennen, die über den ganzen Himmel verteilt sind.

(c) Es herrscht völlige Dunkelheit; der Himmel ist von Sternen übersät.

d) Trage grob die Himmelsrichtungen in deine Zeichnung ein!

e) Benutze die erhaltenen Resultate, um dich zur Durchführung von Beobachtungsaufgaben mit Schulkameraden zu verabreden. Dein Beobachtungspunkt sollte wenigstens die folgenden Kriterien erfüllen:

- Winkelhöhe der Objekte am Horizont möglichst kleiner als 10°.
- Die Sicht in Südrichtung ist frei.
- Lichtverhältnisse b oder c.

2. Präge dir das Sternbild des Großen Wagen ein und suche es am Himmel auf!

3. Erläutere, wie man mit Hilfe des Sternbildes Großer Wagen den Polarstern und die Nordrichtung finden kann!

4. a) Bestimme mit Hilfe der drehbaren Sternkarte Azimut und Höhe der Sterne Deneb, Wega und Atair (Sommerdreieck) für den 1. November 19.00 Uhr!

b) Fertige dir nach folgendem Muster für deinen Beobachtungsstandort eine kopierfähige Skizze auf einem DIN A4-Blatt an!

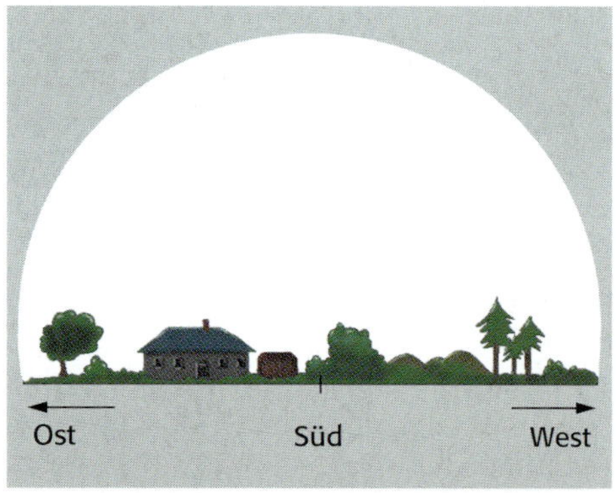

c) Suche das Sommerdreieck Anfang November am Abendhimmel auf und skizziere seine Lage gegenüber dem natürlichen Horizont am Beobachtungsstandpunkt! Trage die Namen der drei Hauptsterne in die Skizze ein!

5. Azimut und Höhe eines Beobachtungsobjektes ändern sich im Laufe einer Nacht ständig. Dennoch existiert genau ein Stern, dessen Azimut und Höhe immer (nahezu) konstant bleiben. Um welchen Stern handelt es sich? Begründe deine Aussage!

6. a) Beweise mit Hilfe geometrischer Überlegungen die Aussage: Die geografische Breite und die Polhöhe stimmen für jeden Beobachtungsstandort überein!

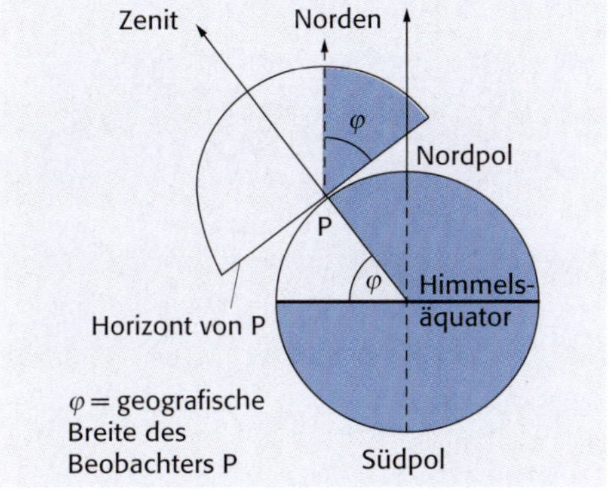

b) Ermittle die Polhöhe an deinem Beobachtungsort (Schulort)!

7. Es gibt zwei geografische Orte auf der Erde, an denen die Lage von Zenit und Himmelspol zusammenfällt. Um welche Punkte auf der Erdoberfläche handelt es sich? Begründe!

8. Löse die folgenden Aufgaben mit Hilfe der drehbaren Sternkarte.
   a) Wann geht der Stern Regulus im Sternbild Löwe am 20. Dezember auf?
   b) Nenne drei Sternbilder, die man nur im Sommer in der ersten Nachhälfte beobachten kann!
   c) An welchem Tag kann man das Sternbild Orion um 20.00 Uhr in Südrichtung beobachten?
   d) Stelle an deiner drehbaren Sternkarte die Zeit 21.00 Uhr auf den Beobachtungstag 1. Dezember!
   Gib für folgende Sterne Azimut und Höhe an: Kapella, Aldebaran, Deneb, Wega, Kastor!
   e) Ermittle für die gleichen Sterne die Rektaszension und die Deklination!
   f) An welchem Tag kulminiert der Stern Wega um 22 Uhr?

9. Begründe, warum man bei der Angabe von Rektaszension und Deklination eines Sterns keinen Hinweis zur Beobachtungszeit benötigt!

10. Entscheide, ob es sich bei den nachfolgend genannten Bewegungen um wahre oder scheinbare Bewegungen handelt. Begründe deine Aussagen!
   a) Rotation der Erde um ihre Achse,
   b) Ost-West-Bewegung des Mondes im Laufe einer Nacht,
   c) West-Ost-Bewegung des Mondes während eines Tages,
   d) Ortsveränderung der Sonne am Himmelszelt während eines Tages,
   e) Bewegung der Erde um die Sonne.

11. Erkläre das Zustandekommen der Jahreszeiten!

12. Zur Zeit der Schneeschmelze kann man feststellen, dass der Schnee zuerst an geneigten freien Hangflächen mit Südlage und erst später auf dem ebenen Boden taut.
   Erläutere die physikalische Ursache für diese Beobachtung!

13. Berechne, welche Zeit die Erde benötigt, um sich auf ihrer Bahn um die Sonne 25° weiter zu drehen (Die Erdbahn werde näherungsweise als kreisförmig und die Bahnbewegung der Erde als gleichförmig angenommen.)!

Das Wichtigste im Überblick

Zur Orientierung am Himmel nutzt man die scheinbare Himmelskugel mit festgelegten Linien und Punkten:
- Meridian und Horizont,
- Zenit und Nadir,
- die Himmelsrichtungen Süd, Ost, Nord, West.

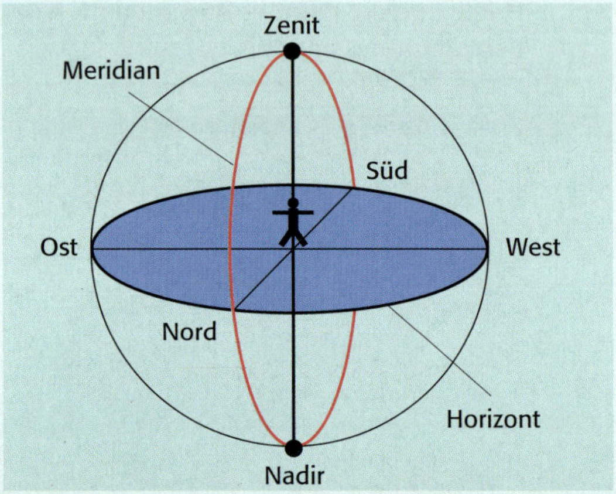

Die Orientierung kann auch anhand von **Sternbildern** erfolgen. Insgesamt gibt es 88 Sternbilder. Auf der Nordhalbkugel ist nur ein Teil von ihnen sichtbar.
Bei astronomischen Beobachtungen müssen die **scheinbaren** und **wahren Bewegungen** der Himmelskörper beachtet werden.

Scheinbare Bewegungen	Wahre Bewegungen
Tägliche Bewegung: Drehung der Himmelskugel um die Himmelspole, die als Ost-West-Bewegung der Sterne wahrgenommen wird	Tägliche Bewegung: Rotation der Erde um ihre Achse Festlegung der Tageslänge Sonnentag: 24 h
Jährliche Bewegung: Sonne läuft auf der Ekliptik durch die Tierkreissternbilder	Jährliche Bewegung: Umlauf der Erde um die Sonne Festlegung der Jahreslänge; Jahr: etwa 365,25 d

Zur exakten Angabe der Positionen von Himmelskörpern nutzt man das **Horizontsystem** und das **rotierende Äquatorsystem.**

Horizontsystem

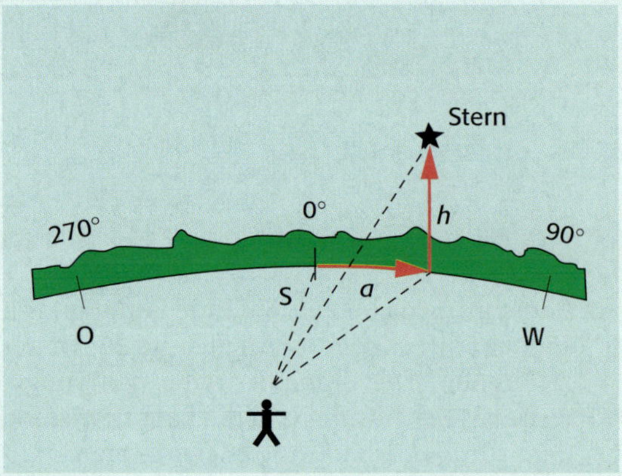

Äquatorsystem

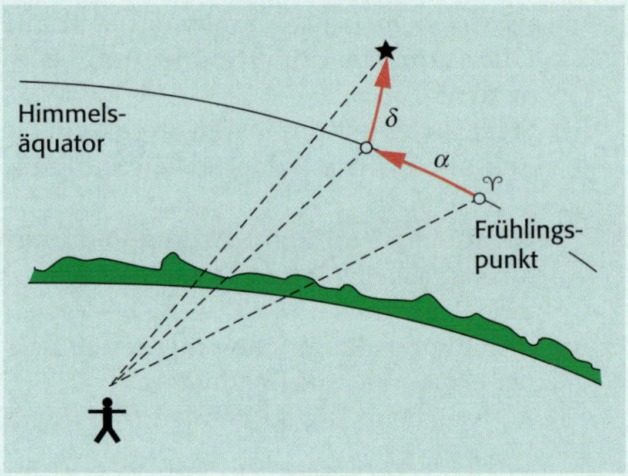

2

Das Sonnensystem – unsere kosmische Heimat

Das Sonnensystem stellt unsere direkte kosmische Heimat dar. Von der Sonne braucht das Licht bis zur Erde nur acht Minuten und bis zum Pluto, dem sonnenfernsten Planeten, auch nur 5,5 Stunden. Dagegen ist das Licht zu unserem Nachbarstern Proxima Centauri bereits über vier Jahre unterwegs. Trotz vieler verschiedener planetarer Welten, auf denen ähnliche Phänomene zu beobachten sind, wie auf der Erde, so z.B. aktive Vulkane auf dem Mond Io, gibt es nur einen einzigen Planeten, auf dem Lebensformen existieren – unsere Erde.

Was unterscheidet die Erde von den anderen Planeten?

Nach welchen Gesetzen bewegen sich die Planeten?

Was sind Planetoiden und Meteoriten?

Welchen Einfluss hat der Erdmond auf die Erde?

Mit diesen und anderen Fragen beschäftigen sich die Forschungen zu dem Sonnensystem, in dem wir leben.

2.1 Das Sonnensystem im Überblick

In unserem Sonnensystem finden wir eine Vielzahl von unterschiedlichen Objekten. Die wichtigsten Himmelskörper sind neben der Sonne die neun Planeten, zu denen neben der Erde die Planeten Merkur, Venus, Mars, Jupiter, Saturn, Uranus, Neptun und Pluto zählen.

Wie unterscheiden sich die Planeten voneinander?
Warum konnte sich nur auf der Erde Leben entwickeln?

Die meisten Planeten werden von Monden umkreist. Unseren Erdmond kann man problemlos mit bloßem Auge am Himmel beobachten. Die Monde anderer Planeten sind von der Erde aus nur mit Fernrohren sichtbar.

Wie viele Monde gibt es in unserem Sonnensystem?
Welche Planeten haben keine Monde?
Wodurch unterscheiden sich Planeten und Monde?

Zur Zeit der Planetenbildung konnte sich zwischen den Bahnen von Mars und Jupiter wegen der großen Gravitationskräfte des Jupiter kein großer Körper bilden.

Wir finden dort heute eine riesige Anzahl von Planetoiden. In diesem Gürtel kam es immer wieder zu Zusammenstößen von kleineren Körpern, die dadurch auch in das innere Planetensystem geschleudert wurden. Manche von ihnen treffen auf einen Planeten, auch auf die Erde. Deshalb finden wir auf der Oberfläche Meteoritenkrater und Meteoriten. Der größte bisher auf der Erde erforschte Meteoritenkrater liegt auf der Halbinsel Yucatan in Mexiko. Er hat einen Durchmesser von ca. 80 km, ist vor etwa 65 Millionen Jahren entstanden und möglicherweise der Einschlagskrater jenes Körpers, der für das große Artensterben von Lebewesen verantwortlich war.

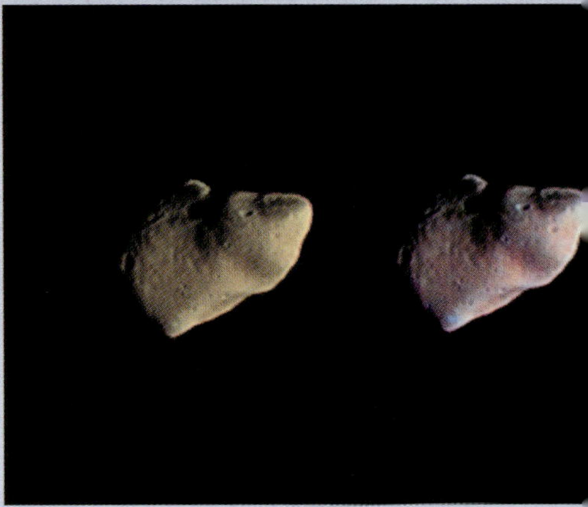

Welche Arten von Kleinkörpern gibt es im Sonnensystem? Wie gefährlich ist ein Zusammenstoß eines Kleinkörpers mit der Erde?

Die Planeten des Sonnensystems

Unser Sonnensystem besteht neben der Sonne und der Erde noch aus weiteren acht große Planeten, die sich auf kreisähnlichen Bahnen um die Sonne bewegen. Die genaue Beschreibung dieser Bewegungen erfolgt durch die keplerschen Gesetze, die ihre physikalische Begründung vor allem in dem Gravitationsgesetz von NEWTON haben. Diese Planeten sind **Merkur, Venus, Mars, Jupiter** und **Saturn**, die mit dem bloßen Auge sichtbar sind und deshalb schon seit der Frühzeit des Menschen bekannt waren. Daneben gibt es noch **Uranus, Neptun** und **Pluto**, die in den letzten 200 Jahren mit dem Fernrohr entdeckt wurden und die deshalb manchmal auch als teleskopische Planeten bezeichnet werden.

1 Die Sonne ist der größte und massereichste Körper im Planetensystem. Ihre Masse ist rund 750-mal größer als die aller übrigen Himmelskörper im Sonnensystem zusammen. Durch das Licht der Sonne, welches alle Körper im Planetensystem reflektieren, werden diese für uns erst sichtbar.

> Planeten sind massereiche und näherungsweise kugelförmige Himmelskörper, die die Sonne umlaufen und deren Licht reflektieren.

Einen Überblick über die neun großen Planeten unseres Sonnensystems gibt die Tabelle unten.

Die Entfernungen im Planetensystem sind für unsere tägliche irdische Erfahrung gewaltig. Geben wir sie in den gewohnten Einheiten (m, km) an, so können wir mit den Maßzahlen kaum noch Vor-

Planet	mittlere Entfernung von der Sonne		Umlaufzeit um die Sonne	mittlere Bahngeschwindigkeit	Rotationszeit
	in Mio. km	in AE	in Jahren	in km/s	in Sonnentagen
Merkur	57,9	0,39	0,24	47,9	58,625
Venus	108,2	0,72	0,62	35,0	243,02 (rückläufig)
Erde	149,6	1,00	1,00	29,8	0,997
Mars	227,9	1,52	1,88	24,1	1,026
Jupiter	778,3	5,20	11,86	13,1	0,41
Saturn	1427	9,52	29,46	9,6	0,445
Uranus	2870	19,21	84,02	6,8	ca. 0,72 (rückläufig)
Neptun	4496	30,06	164,79	5,4	ca. 0,67
Pluto	5900	39,4	247,70	4,7	ca. 6,4

1 Die neun großen Planeten unseres Sonnensystems im Größenvergleich.

stellungen verbinden. Wir brauchen größere Vergleichsstrecken als Einheiten. Für die Entfernungsangaben im Planetensystem wählt man deshalb den mittleren Abstand der Erde von der Sonne.

Den mittleren Abstand Erde – Sonne bezeichnet man als eine Astronomische Einheit (1 AE).

1 AE = 149,6 Millionen Kilometer

Eine Möglichkeit, die schwer vorstellbaren Dimensionen anschaulich darzustellen, bieten Planetenwanderwege. Hier werden die Entfernungen der Planeten von der Sonne und deren Durchmesser in einem Maßstab aufgezeigt. Ein weit verbreiteter Maßstab ist 1:1 Milliarde. Die Sonne hat in diesem Modell einen Durchmesser von 1,4 m. Die Daten für die Planeten in diesem Maßstab sind in der nachfolgenden Tabelle gegeben.

Planet	Entfernung des Planeten von der Sonne in m	Durchmesser des Planeten in mm
Merkur	58	4,8
Venus	108	12,3
Erde	150	12,8
Mars	228	6,8
Jupiter	778	143
Saturn	1427	120
Uranus	2872	52
Neptun	4501	50
Pluto	5915	2,3

Monde und andere Himmelskörper

Im Sonnensystem bewegen sich mindestens 67 Monde um die Planeten. Die meisten der neun großen Planeten haben einen oder mehrere Monde (s. Übersicht S. 61).

Monde sind Himmelskörper, die sich um einen Planeten oder um einen Planetoiden bewegen und das Licht der Sonne reflektieren.

Einige Monde sind erst in den letzten Jahren entdeckt worden. Wie groß ihre Anzahl tatsächlich ist, wird die weitere Forschung zeigen.

Eine weitere Gruppe von Himmelskörpern im Sonnensystem bilden die **Kleinkörper** (Bild 1–3). Diese Objekte (Planetoiden, Kometen, Meteorite) wurden erst verhältnismäßig spät in ihrer Natur erforscht bzw. verstanden. Kometen und in die Atmosphäre eindringende Meteorite, die als Sternschnuppen (Meteore) in Erscheinung treten, sind zwar zu allen Zeiten beobachtet, jedoch zunächst nicht für Himmelskörper gehalten worden. Sie galten als atmosphärische Erscheinungen. Heute wissen wir, dass es Himmelskörper sind.

Planet	Anzahl der bekannten Monde
Erde	1
Mars	2
Jupiter	16
Saturn	18
Uranus	21
Neptun	8
Pluto	1

Planetoiden sind kleine planetarische Körper von geringer Masse, die eine feste Oberfläche besitzen, sich um die Sonne bewegen und deren Licht reflektieren.
Kometen sind kleine, eisförmige, mit Gesteinstrümmern durchsetzte Körper, die sich auf stark elliptischen oder parabolischen Bahnen um die Sonne bewegen.
Meteorite sind Körper, deren Bahnen im Planetensystem vielen Störeinflüssen unterliegen. Sie können in die Erdatmosphäre eindringen. Im engeren Sinne bezeichnet man als Meteorite die zur Erde gefallenen Reststücke eines solchen Körpers.

1 Meteorit, der in der Archenhold-Sternwarte Berlin-Treptow zu besichtigen ist

Neben den genannten Körpern gibt es die **interplanetare Materie.** Dies ist die Sammelbezeichnung für die zwischen der Sonne und den Planeten vorhandenen sehr kleinen Staubteilchen und Gase. Die mittlere Dichte dieser interplanetaren Materie ist außerordentlich klein (1 Wasserstoffatom auf 1 bis 2 cm^3).

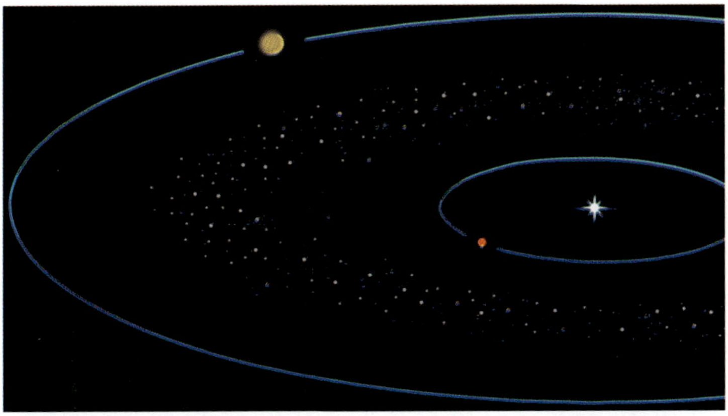

2 Planetoidengürtel zwischen den Planeten Mars und Jupiter. Die Anzahl der Planetoiden in unserem Sonnensystem wird auf etwa 500 000 geschätzt. Ihre Gesamtmasse beträgt aber deutlich weniger als die Erdmasse.

3 Ein Komet bewegt sich auf einer elliptischen oder parabolischen Bahn um die Sonne und ist für uns nur in Sonnennähe beobachtbar.

Die Entdeckung der Planeten Uranus, Neptun und Pluto

Die Entdeckung der Planeten Uranus (1781), Neptun (1846) und Pluto (1930) zählt zu den spannendsten Kapiteln der neueren Astronomiegeschichte. Planvolles Denken, Rechnen und Beobachten vermischten sich mit überraschenden Zufällen und führten schließlich zur Erweiterung unseres Bildes vom Sonnensystem.

Der Planet Uranus ist durch den deutsch-englischen Astronomen FRIEDRICH WILHELM HERSCHEL (Bild 1) am 17. März 1781 in Bath (England) zufällig entdeckt worden. HERSCHEL war Militärmusiker, der in seiner Freizeit große Spiegelteleskope herstellte und intensive Himmelsbeobachtungen durchführte. Bei einer solchen Durchmusterung des Sternhimmels mit dem 16-cm-Spiegelteleskop entdeckte er im Sternbild Zwillinge ein schwach leuchtendes Sternchen, welches in den Sternkarten nicht eingezeichnet war.

Nach einigen Diskussionen, die zwischen verschiedenen Astronomen in der Folgezeit stattfanden, gelangte man zu der Erkenntniss, dass es sich um einen neuen, großen Planeten handelt. Allerdings traten bei genaueren Untersuchungen deutliche Abweichungen zwischen der theoretisch erwarteten Bahn und den Beobachtungen auf.

1 FRIEDRICH WILHELM HERSCHEL (1738–1822)

2 Spiegelteleskop von HERSCHEL

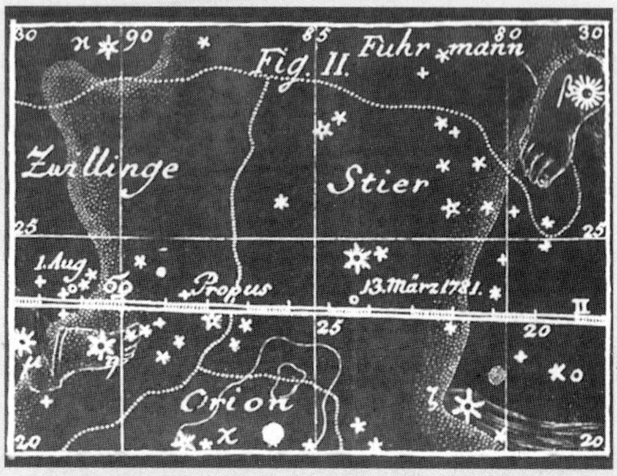

3 Sternkarte mit der Entdeckung des Planeten Uranus

Allmählich verdichtete sich die Auffassung, dass die Abweichungen zwischen Theorie und Beobachtung möglicherweise in einem weiteren, noch unbekannten Planeten zu suchen seien, der durch seine Massenanziehung die Bewegung des Uranus stört. Auch der berühmte deutsche Astronom FRIEDRICH WILHELM BESSEL (1784–1846) beschäftigte sich mit der Suche nach diesem vermuteten „Störenfried". Es gelang ihm trotz mühsamer Rechenarbeiten aber nicht, diesen Planeten aufzuspüren.

Mehr Erfolg hatten dabei zwei junge Astronomen: URBAN JEAN JOSEPH LEVERRIER in Frankreich und JOHN COUCH ADAMS in England (Bilder 1 und 2, S. 63).

ADAMS gelang zwar die Berechnung einer Position des vermuteten achten Planeten und er legte diese zwei englischen Professoren vor. Beide lehnten aber die Theorie ab.

LEVERRIER jedoch informierte den Astronomen JOHANN GOTTFRIED GALLE (Bild 3, S. 63), der an der Berliner Sternwarte tätig war. Noch am selben Abend, als ihn der Brief aus Paris erreichte, am 23. September 1846, entdeckte er mit HEINRICH LOUIS d'ARREST (1822–1875) nur 55 Bogenminuten von dem vorausberechneten Ort entfernt tatsächlich den Planeten Neptun.

1 John Couch Adams (1819–1892)

2 Urban Jean Joseph Leverrier (1811–1877)

3 Johann Gottfried Galle (1812–1910)

Da mit der Entdeckung des Neptun nicht alle Störungen der Uranus-Bewegung restlos aufgeklärt waren und sich auch Neptun nicht vollständig den theoretischen Erwartungen entsprechend verhielt, kam bald die Idee auf, es könne noch einen Planeten geben, der außerhalb der Neptunbahn um die Sonne läuft und die Ursache dieser Störungen sei. Wegen der großen Umlaufzeit des Neptun von 165 Jahren konnte eine so folgenschwere Behauptung erst aufgestellt werden, nachdem man ein kurzes Bahnstück beobachtet hatte. Nach einigen Jahrzehnten versuchte der amerikanische Astronom Percival Lowell (1855–1916) 1915 – ähnlich wie es Leverrier im 19. Jahrhundert getan hatte – aus den Störungen auf den „Störenfried" zu schließen und nach ihm zu suchen. Doch die Mühe, die man sich am amerikanischen Flagstaff-Observatorium gab, wurde nicht durch eine Entdeckung belohnt. Im Jahre 1928 erhielt der junge Amateurastronom Clyde William Tombaugh (1906–1997) an dieser Sternwarte die Routineaufgabe, großformatige Platten mit einer Weitwinkelkamera zu belichten und die einzelnen Aufnahmen miteinander zu vergleichen. Und nun geschah das beinahe schon nicht mehr Erhoffte. Als der junge Mann eine Aufnahme vom 21. Januar 1930 mit einer anderen vom 29. Januar verglich, fand er ein sehr lichtschwaches Sternchen, das seine Stellung innerhalb der 8 Tage verändert hatte. Als man dieses Objekt anschließend mit größeren Instrumenten beobachtete, wurde es zur Gewissheit: Es handelt sich tatsächlich um einen weiteren Planeten des Sonnensystems. Pluto war entdeckt.

Spätere Untersuchungen zeigten, das Lowell bei seinen Berechnungen von falschen Voraussetzungen ausgegangen war. Die Pluto-Entdeckung war reiner Zufall.

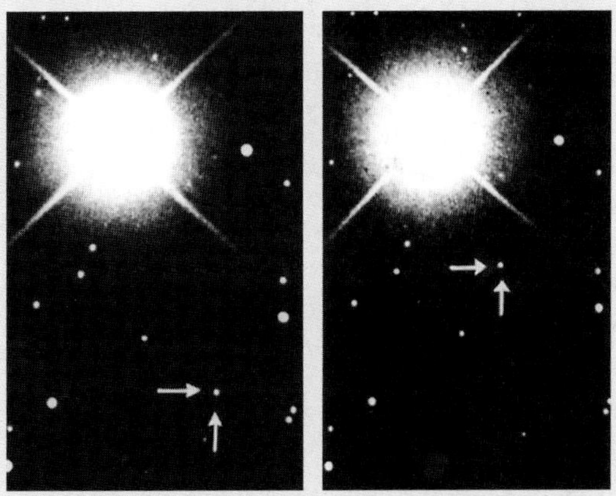

4 Entdeckung des Planeten Pluto im Jahr 1930

Aufgaben

1. Welche Unterschiede bestehen zwischen einem Planeten und der Sonne?

2. Ordne folgende Eigenschaften den Planeten oder der Sonne zu! Begründe deine Zuordnung!
   - selbstleuchtender Körper
   - Bewegung um einen Stern
   - ist nur im Licht des Zentralgestirns sichtbar

3. Beschreibe den Aufbau des Sonnensystems und benenne in der Reihenfolge von der Sonne die Namen die Planeten!

4. Gib die Gemeinsamkeiten und Unterschiede von Planeten und Monden an!

5. Wodurch unterscheiden sich die verschiedenen Arten der Kleinkörper!
   Werte dazu die Bilder auf S. 61 aus!

6. Arbeite auf der Grundlage der Informationen auf S. 62–63 einen Kurzvortrag über die Entdeckung der Planeten Uranus, Neptun und Pluto aus!

7. Planeten kann man nach ihrer Lage zur Erdbahn in innere Planeten (Bahn befindet sich innerhalb der Erdbahn) und äußere Planeten (Bahn befindet sich außerhalb der Erdbahn) einteilen.
   Welche Planeten gehören zu den inneren und welche zu den äußeren Planeten?

8. Jupiter hat einen mittleren Abstand von 5,20 AE von der Sonne.

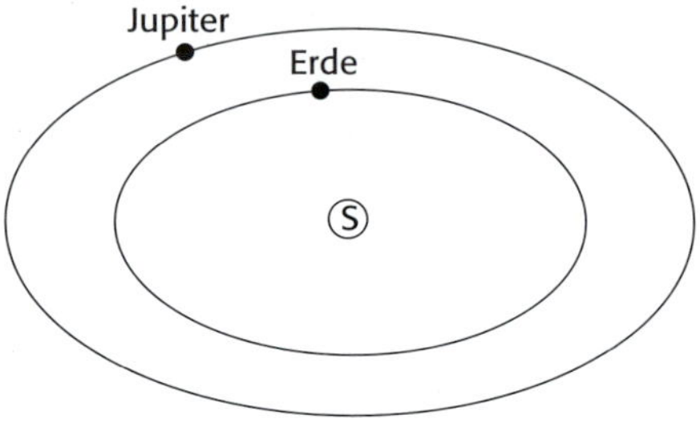

   a) Wie groß sind seine minimale und seine maximale Entfernung von der Erde, wenn man für beiden Planeten näherungsweise kreisförmige Bahnen annimmt?
   b) Gib diese Entfernungen in Astronomischen Einheiten und in Kilometern an!

9. Venus hat einen mittleren Abstand von 0,72 AE von der Sonne.

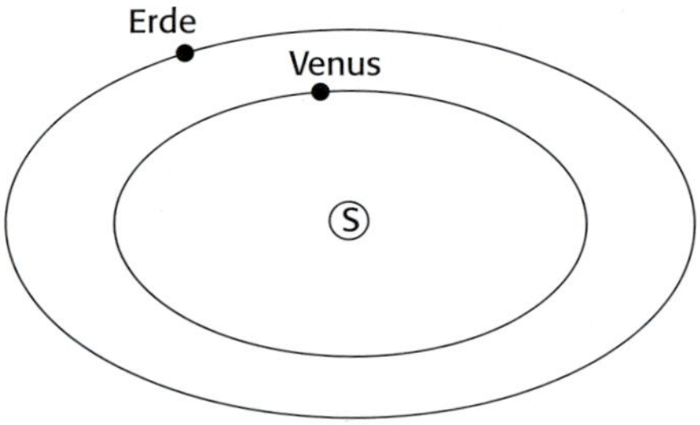

   a) Wie groß sind ihre minimale und ihre maximale Entfernung von der Erde, wenn man für beide Planeten näherungsweise kreisförmige Bahnen annimmt?
   b) Gib diese Entfernungen in Astronomischen Einheiten und in Kilometern an!

10. Von der Erde wird ein Radarsignal zur Venus gesandt, dort reflektiert und nach 4 min 36,3 s wieder auf der Erde empfangen.
    Berechne daraus die Entfernung Erde-Venus zu diesem Zeitpunkt!

Das Wichtigste im Überblick

Die **Sonne** bildet das Gravitationszentrum unseres Sonnensystems. Um sie bewegen sich neun große **Planeten**: Merkur, Venus, Erde, Mars, Jupiter, Saturn, Uranus, Neptun, Pluto.

In der Skizze sind oben die Größen der Planeten im Vergleich angegeben. Außerdem sind die Bahnen dargestellt.

Um die Planeten bewegen sich mindestens 67 **Monde**. **Planetoiden**, **Kometen** und **Meteorite** bewegen sich aufgrund der Gravitationskräfte auf unterschiedlichen Bahnen um die Sonne. Gas und Staub füllen den interplanetaren Raum aus.

> Die mittlere Entfernung zwischen Erde und Sonne wird als eine Astronomische Einheit (1 AE) bezeichnet. Es gilt:
>
> 1 AE = 149,6 Mio. km

Für Angaben von Entfernungen im Sonnensystem wird häufig die Astronomische Einheit verwendet.

2.2 Gesetze der Planetenbewegung

Die Bahnen der Planeten haben eine Reihe auffälliger Eigenschaften, die himmelsmechanisch nicht notwendig sind, sondern durch die Entstehungsbedingungen des Sonnensystems geprägt wurden: Die Planetenbahnen sind fast kreisförmig, sie liegen alle ungefähr in einer gemeinsamen Ebene, die etwa mit der Äquatorebene der Sonne übereinstimmt. Der Umlaufsinn in der Bahn ist für alle Planeten gleich. Zudem stimmt dieser mit der Rotationsrichtung der Sonne überein.
Mit welchen Gesetzen können die Planetenbewegungen beschrieben werden?

Die Planeten sind nur zu bestimmten Zeiten von der Erde aus zu sehen. So ist z.B. die Venus manchmal Morgenstern und manchmal Abendstern. Darüber hinaus sieht man sie ähnlich wie den Mond in verschiedenen Lichtgestalten. Erhebliche Unterschiede gibt es auch zwischen der Sichtbarkeit der inneren und der äußeren Planeten.
Wie wirkt sich die Bewegung der Planeten um die Sonne auf ihre Sichtbarkeit von der Erde aus? Unter welchen Bedingungen kann man z.B. Mars oder Venus besonders gut beobachten?

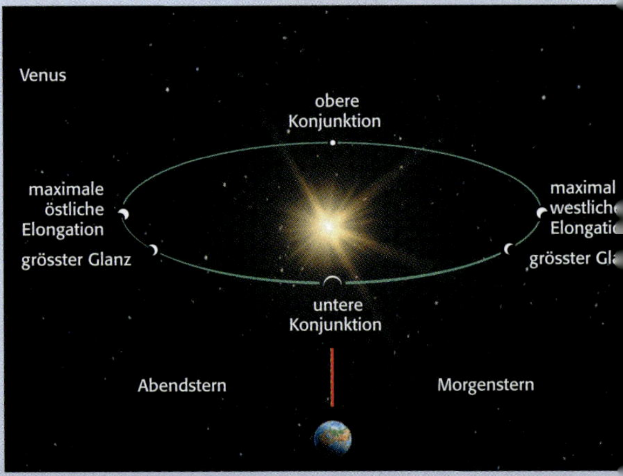

Die Erde rotiert einmal in 24 Stunden um ihre Achse und bewegt sich gleichzeitig einmal im Jahr um die Sonne. Wir beobachten Planeten von der sich bewegenden Erde aus. Gleichzeitig bewegen sich auch die Planeten selbst. Deshalb kommt es von der Erde aus gesehen zu scheinbaren Bewegungen von Planeten, die von ihren wahren Bewegungen zu unterscheiden sind. Eine solche scheinbare Bewegung sind die Planetenschleifen, die z.B. beim Mars zu beobachten sind.
Welche wahren und welche scheinbaren Bewegungen führen Planeten aus?
Wie kann man wahre von scheinbaren Bewegungen unterscheiden?
Wie kommt es zu Planetenschleifen?

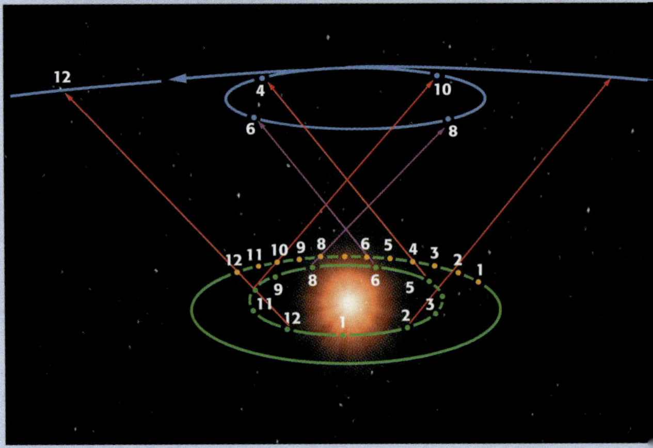

Die keplerschen Gesetze

Die Bewegungen der Planeten im Sonnensystem können mit Hilfe der drei keplerschen Gesetze beschrieben werden.
Das **1. keplersche Gesetz** beschreibt die Bahnen, auf denen sich Planeten bewegen.

> Die Planeten bewegen sich auf elliptischen Bahnen. In einem gemeinsamen Brennpunkt steht die Sonne.

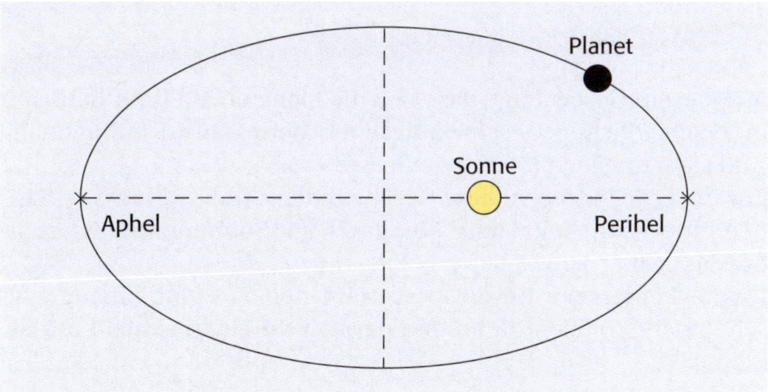

1 Bahn eines Planeten um die Sonne: Der sonnennächste Punkt wird als Perihel, der sonnenfernste Punkt als Aphel bezeichnet.

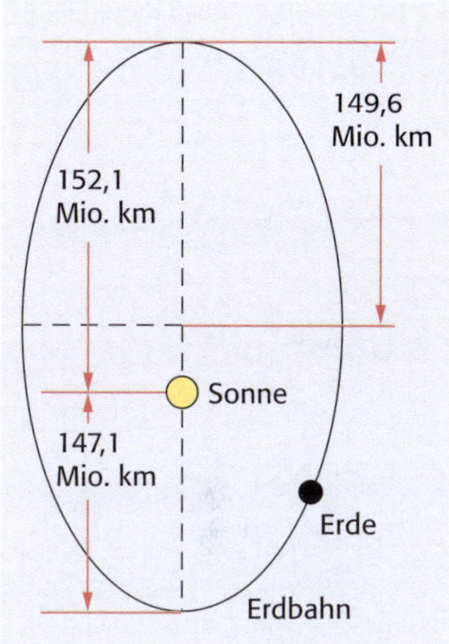

2 Bahn der Erde um die Sonne. Bei den meisten Planeten beträgt der Unterschied zwischen Perihel und Aphel einige Millionen Kilometer.
Bezogen auf den mittleren Abstand sind es bei der Erde aber nur 1 % bis 2 % Abweichung. Ähnlich ist das bei anderen Planeten. Deshalb kann man die Planetenbahnen näherungsweise als Kreisbahnen ansehen.

Aus diesem Gesetz folgt, dass sich bei der Bewegung von Planeten um die Sonne der Abstand Planet – Sonne ständig ändert. Für die Erde beträgt die geringste Entfernung von der Sonne 147,1 Mio. km (Perihel, Anfang Januar) und die größte Entfernung 152,1 Mio. km (Aphel, Anfang Juli). Die mittlere Entfernung von der Sonne hat einen Wert von 149,6 Mio. km (1 AE).
Mit diesem Gesetz verabschiedete sich die Astronomie vom uralten Dogma der kreisförmigen Planetenbahnen.
Das **2. keplersche Gesetz** macht Aussagen über die Bewegung der Planeten längs ihrer Bahn.

> Die Verbindungslinie Sonne–Planet überstreicht in gleichen Zeiten gleich große Flächen.
>
> $$\frac{A_1}{\Delta t} = \frac{A_2}{\Delta t} = \frac{A_3}{\Delta t} = \text{konstant}$$
>
> A Flächeninhalt
> Δt Zeitintervall

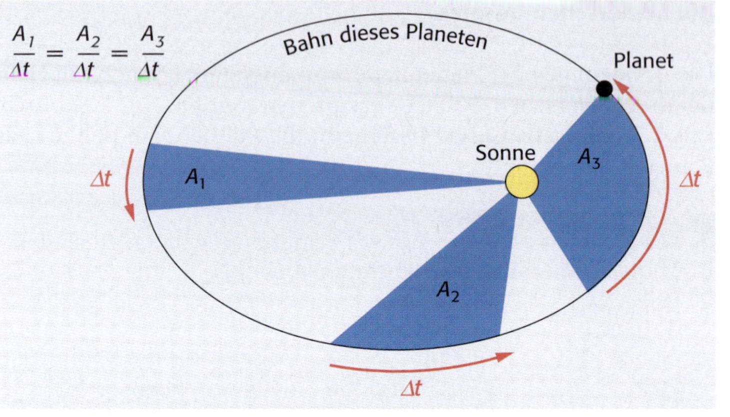

1 Bewegung eines Planeten längs seiner Bahn: Die Bewegung erfolgt nicht gleichförmig.

Aus diesem Gesetz folgt, dass sich die Planeten auf ihrer Bahn mit unterschiedlichen Geschwindigkeiten bewegen. In Sonnennähe sind sie schneller als in Sonnenferne.

Für die Erde betragen diese Geschwindigkeiten 29,3 km/s in Sonnenferne (Juni/Juli) und 30,3 km/s in Sonnennähe (Dezember/Januar).

Das **3. keplersche Gesetz** beschreibt den Zusammenhang zwischen der Größe der Bahn und der Zeit für einen Umlauf um die Sonne.

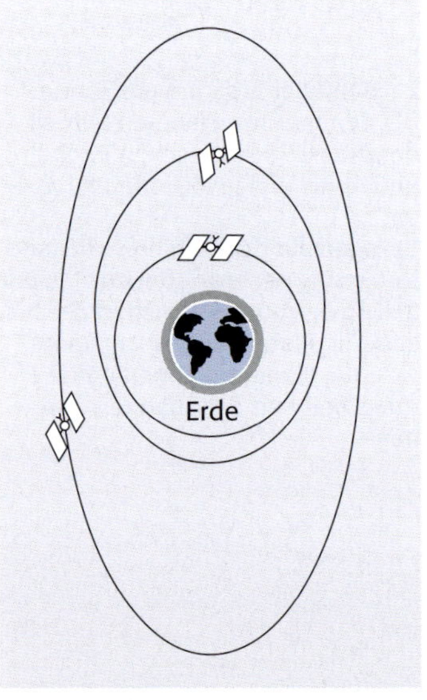

2 Die keplerschen Gesetze gelten auch für die Bewegung des Mondes oder von Satelliten um die Erde. Die Skizze zeigt einige Satellitenbahnen.

Die Quadrate der Umlaufzeiten zweier Planeten verhalten sich wie die dritten Potenzen der großen Halbachsen ihrer Bahnen.

$$\frac{T_1^2}{T_2^2} = \frac{a_1^3}{a_2^3}$$

T_1, T_2 Umlaufzeiten zweier Planeten
a_1, a_2 große Halbachsen der Bahnen

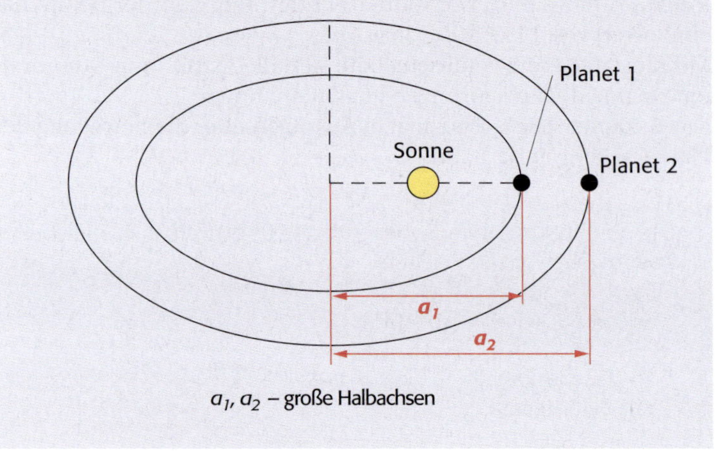

3 Verglichen werden die Umlaufzeiten und die großen Halbachsen der Bahnen zweier Planeten. Statt mit der großen Halbachse rechnet man häufig mit der mittleren Entfernung Sonne–Planet.

Mit Hilfe dieses Gesetzes können aus den beobachtbaren Umlaufzeiten der Planeten um die Sonne die wahren Dimensionen des Planetensystems abgeleitet werden.
Insbesondere folgt aus diesem Gesetz, dass die Bahngeschwindigkeit von Planeten mit wachsendem Abstand von der Sonne abnimmt.
So bewegt sich Merkur als sonnennächster Planet schneller um die Sonne als die Erde (↗ Tabelle S. 59). Die Erde bewegt sich ihrerseits schneller um die Sonne als die sonnenfernen Planeten Saturn oder Pluto.

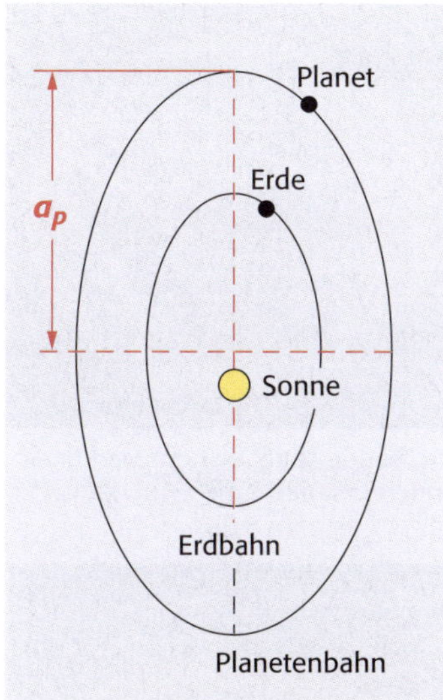

1 Kennt man aus Beobachtungen die Umlaufzeit T_P eines Planeten, so kann man seine große Halbachse a_P berechnen. Als Vergleichsplanet wählt man die Erde.
Für diesen Fall lautet das dritte keplersche Gesetz:

$$\frac{T_E^2}{T_P^2} = \frac{a_E^3}{a_P^3}$$

Die Umstellung ergibt:

$$a_P = a_E \cdot \sqrt[3]{\frac{T_P^2}{T_E^2}}$$

Für die Erde gilt:
$a_E = 149{,}6 \cdot 10^6$ km
$T_E = 365$ d

Das newtonsche Gravitationsgesetz

Der englische Naturforscher Isaac Newton (1642–1727) entdeckte, dass sich alle Körper aufgrund ihrer Masse gegenseitig anziehen. Diese Erscheinung wird als **Massenanziehung** oder **Gravitation** bezeichnet. Der Betrag der zwischen zwei Körpern wirkenden Kraft kann mit dem von Newton entdeckten **Gravitationsgesetz** berechnet werden.

Die Gravitationskraft zwischen zwei Körpern kann berechnet werden mit der Gleichung:

$$F = G \cdot \frac{m_1 \cdot m_2}{r^2}$$

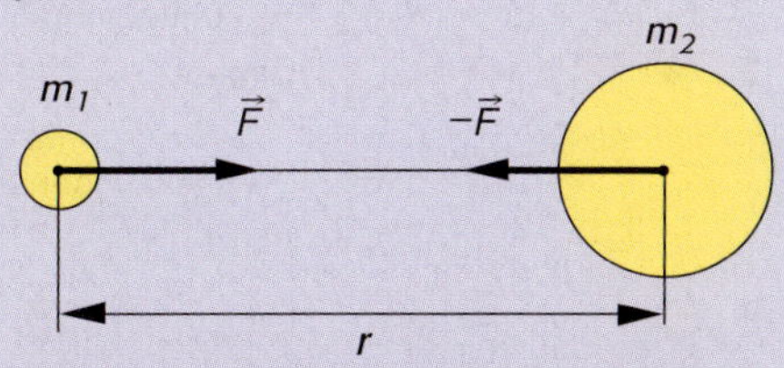

F	Gravitationskraft zwischen den Körpern
G	Gravitationskonstante ($G = 6{,}673 \cdot 10^{-11} \frac{m^3}{kg \cdot s^2}$)
m_1, m_2	Massen der Körper
r	Abstand der Massenmittelpunkte der Körper

Die Gravitationskraft zwischen der Sonne und einem Planeten ist entscheidend für seine Bewegung: Sie zwingt die Planeten auf näherungsweise kreisförmige Bahnen um die Sonne. Letztendlich stellt das newtonsche Gravitationsgesetz eine wesentliche physikalische Begründung für die keplerschen Gesetze der Planetenbewegung dar.

1 Venus ist neben dem Merkur ein innerer Planet.

2 Mars ist ein äußerer Planet.

Die Sichtbarkeit der Planeten

Bezeichnungen wie Morgen- oder Abendstern für die Venus geben einen Hinweis auf die Sichtbarkeit eines Planeten, die von der Stellung des Planeten zur Sonne und zur Erde abhängig ist (Bild 3). Grundsätzliche Unterschiede bestehen zwischen der Beobachtbarkeit eines inneren und eines äußeren Planeten. Merkur und Venus, deren Umlaufbahn um die Sonne innerhalb der Erdbahn liegt, bezeichnet man als **innere Planeten** (Bild 1). Dagegen werden alle Planeten mit einer außerhalb der Erdbahn liegenden Umlaufbahn **äußere Planeten** genannt (Bild 2).

> Innere Planeten sind Merkur und Venus. Zu den äußeren Planeten gehören Mars, Jupiter, Saturn, Uranus, Neptun und Pluto. Als Vergleichsplanet dient die Erde.

Der hellste Planet, der am Morgen- und Abendhimmel auffallend leuchtet, ist die Venus. Jupiter ist in seiner Helligkeit geringer, aber immer noch ein auffallendes Gestirn. Mars fällt durch seine rötliche Färbung auf. Saturn ist schon etwas schwieriger zu finden. Die größte Schwierigkeit bietet bei der Beobachtung der Merkur.

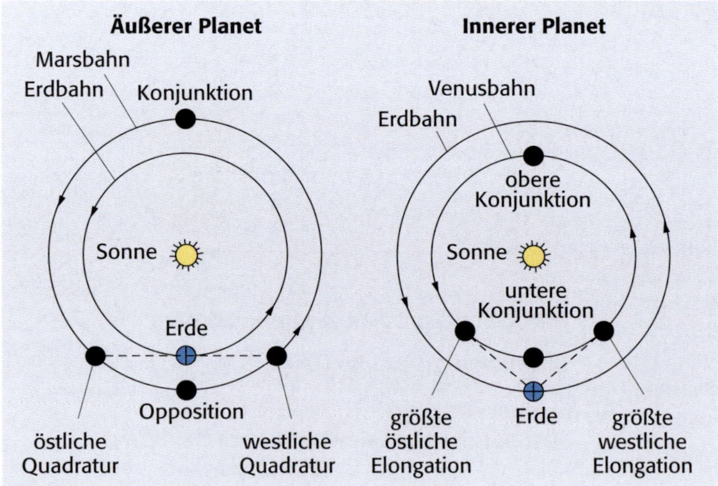

3 Hält man die Erde auf ihrer Bahn in Gedanken in einer bestimmten Position fest, so bezeichnet man spezielle Stellungen der Planeten gegenüber der Erde und der Sonne mit bestimmten Begriffen.

Scheinbare und wahre Bewegungen der Planeten

Mit der Erkenntnis des heliozentrischen Weltbildes wissen wir, dass die Bewegungen der Planeten, die man von der Erde aus beobachtet, eine Überlagerung von scheinbarer und wahrer Bewegung darstellen. Die wahren Bewegungen könnten nur von einem ruhenden Körper außerhalb des Sonnensystems verfolgt werden. Sie sehen anders aus als die, die wir von der Erde aus beobachten. Die Bewegungen der Planeten, die man am Himmel wahrnimmt, resultieren zum einen aus der Bewegung der Planeten um die Sonne und zum anderen aus der Bewegung der Erde.

> Der Unterschied zwischen der scheinbaren und der wahren Bewegung eines Planeten entsteht durch die Bewegung der Erde.

Beobachtet man die Bewegung eines Planeten vor dem Hintergrund der scheinbar fest stehenden Fixsterne, so stellt man fest, dass er sich meistens von West nach Ost bewegt. Dies ist entgegengesetzt der scheinbaren Drehung der Himmelskugel und wird als **rechtläufige Bewegung** bezeichnet. In regelmäßigen Zeitabständen verlangsamt sich die Bewegung des Planeten, kommt zum Stillstand und kehrt ihre Bewegungsrichtung um. Er bewegt sich dann von Ost nach West, er ist **rückläufig**. Da die Planetenbahnen nicht alle genau in der Erdbahnebene liegen, ändert sich auch der scheinbare Abstand des Planeten von der Ekliptik. Wenn man die Beobachtungen in eine Sternkarte einzeichnet, so erkennt man, dass der Planet eine Schleife vollführt (Bild 1, 2). Nach einer bestimmten Zeit kommt er wieder zum Stillstand und bewegt sich in der ursprünglichen Richtung weiter. Der Planet ist wieder rechtläufig. Die Schleifenbewegungen der äußeren Planeten treten in der Zeit der größten Erdnähe ein.

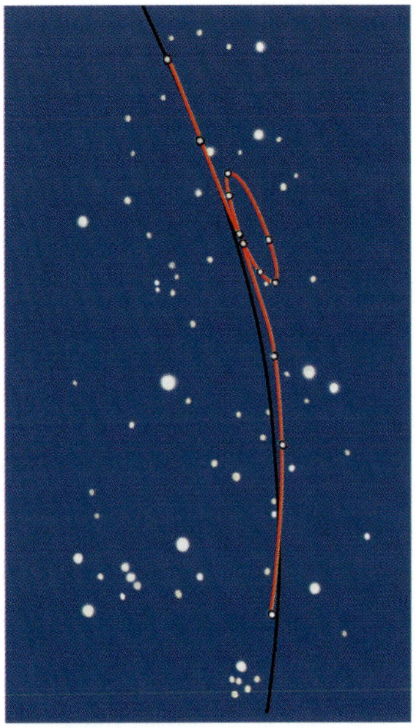

1 Planetenschleife des Mars (äußerer Planet)

2 Planetenschleife eines inneren Planeten

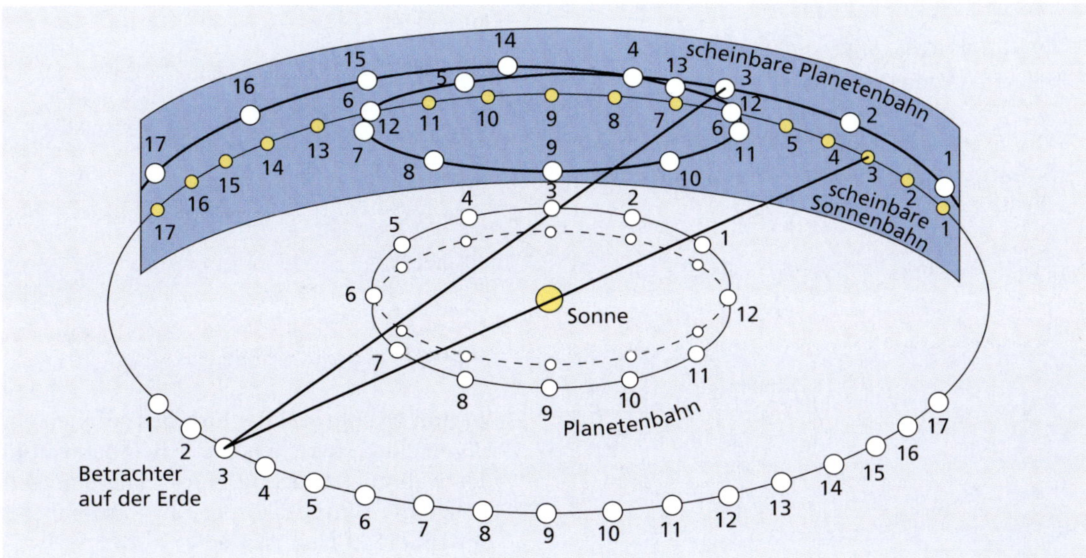

Aufgaben

1. Das 2. und 3. keplersche Gesetz beinhalten Aussagen über die Bahngeschwindigkeiten der Planeten um die Sonne. Aber jedes Gesetz betrachtet einen anderen Aspekt dieser physikalischen Größe! Erläutere den Unterschied!

2. Das 3. keplersche Gesetz beschreibt den Zusammenhang zwischen der Entfernung des Planeten von der Sonne und seiner Umlaufzeit um unser Zentralgestirn. Welche Beziehung besteht zwischen beiden Größen?

3. Die Umlaufzeit der Venus um die Sonne beträgt 0,62 Jahre. Die große Halbachse der Erde kann mit a = 149,6 Mio. km angenommen werden.

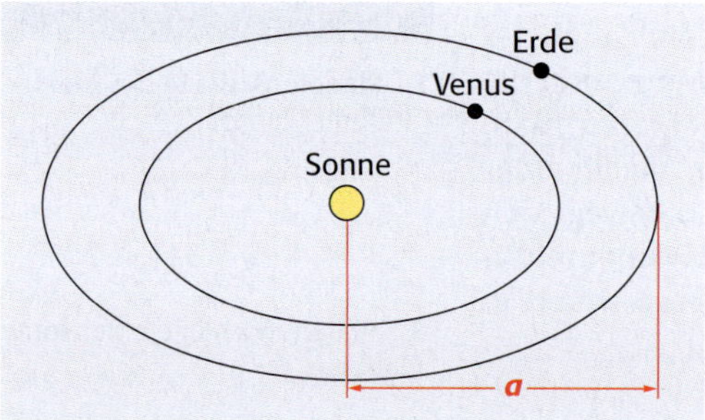

Wie groß ist die große Halbachse der Bahn des Planeten Venus?

4. Die Skizze zeigt die Bahn der Erde um die Sonne und die Erde in drei verschiedenen Positionen.

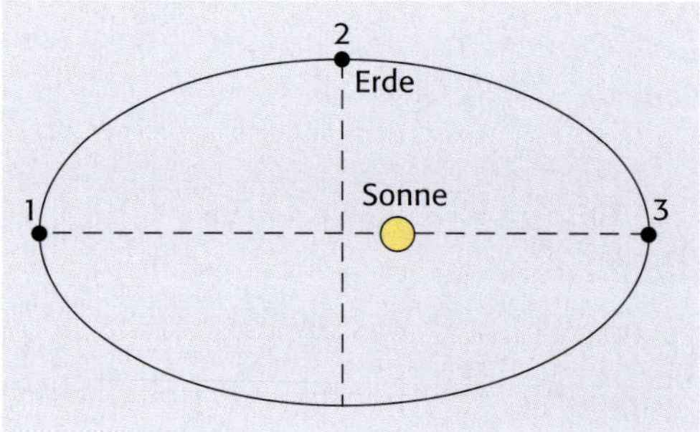

Welche Aussagen lassen sich über den Betrag der Gravitationskraft in den Punkten 1, 2 und 3 treffen? Begründe!

5. Erkläre mit dem Gravitationsgesetz die Bewegung eines Planeten um die Sonne! Gehe dabei auch auf die unterschiedlichen Bahngeschwindigkeiten ein, die sich aus den keplerschen Gesetzen ergeben!

6. Wie groß ist die Gravitationskraft zwischen Sonne und Erde? Die Masse der Erde beträgt $5{,}97 \cdot 10^{24}$ kg, die der Sonne $2 \cdot 10^{30}$ kg. Die Erde ist im Mittel 149,6 Mio. km von der Sonne entfernt.

7. Nenne die inneren und äußeren Planeten unseres Sonnensystems! Welcher Planet wird als Vergleichsplanet herangezogen?

8. Beobachte den Planeten Venus! Entscheide ob er „Morgenstern“ oder „Abendstern“ ist!

9. Erläutere die Beobachtbarkeit der Planeten Venus und Mars anhand der Abb. auf S. 70!

10. Entscheide, welche Planeten zur Gruppe der inneren Planeten gehören! Begründe deine Aussagen!

Planet	Umlaufzeit in Jahren	Bahngeschwindigkeit in km/s
Erde	1	30
Planet A	0,24	–
Planet B	–	35
Planet C	–	5,4
Planet D	11,86	–

11. Warum besteht von der Erde aus gesehen ein Unterschied zwischen der scheinbaren und der wahren Bewegung eines Planeten? Von welchem Himmelskörper aus beobachtet entfällt dieser Unterschied?

Das Wichtigste im Überblick

Die **keplerschen Gesetze** beschreiben die Bewegung der Planeten im Sonnensystem. Benannt sind sie nach ihrem Entdecker, dem Astronomen JOHANNES KEPLER (1571–1630). Physikalisch begründet werden sie durch das von ISAAC NEWTON (1642–1727) entdeckte **Gravitationsgesetz** (↗ S. 69).

1. keplersches Gesetz

Alle Planeten bewegen sich auf elliptischen Bahnen. In einem gemeinsamen Brennpunkt steht die Sonne.

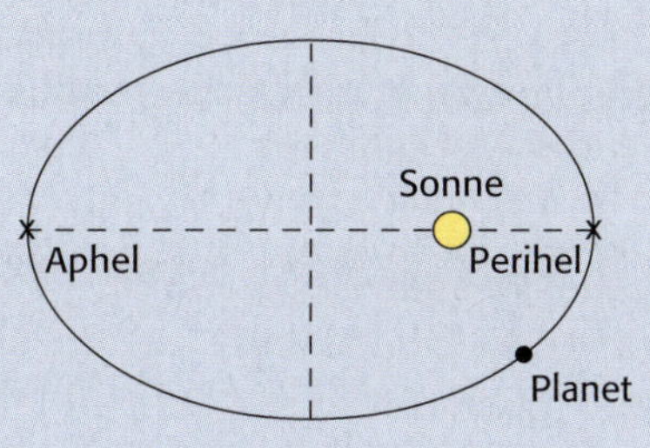

2. keplersches Gesetz

Die Verbindungslinie Sonne – Planet überstreicht in gleichen Zeiten gleiche Flächen.

$$\frac{A}{\Delta t} = \text{konstant}$$

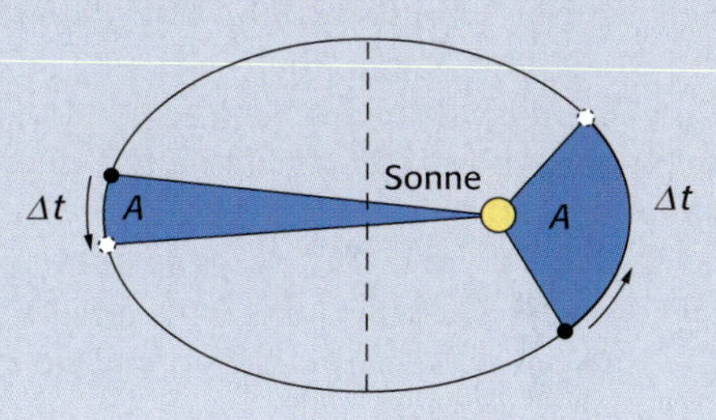

3. keplersches Gesetz

Die Quadrate der Umlaufzeiten zweier Planeten verhalten sich wie die dritten Potenzen der großen Halbachsen ihrer Bahnen

$$\frac{T_1^2}{T_2^2} = \frac{a_1^3}{a_2^3}$$

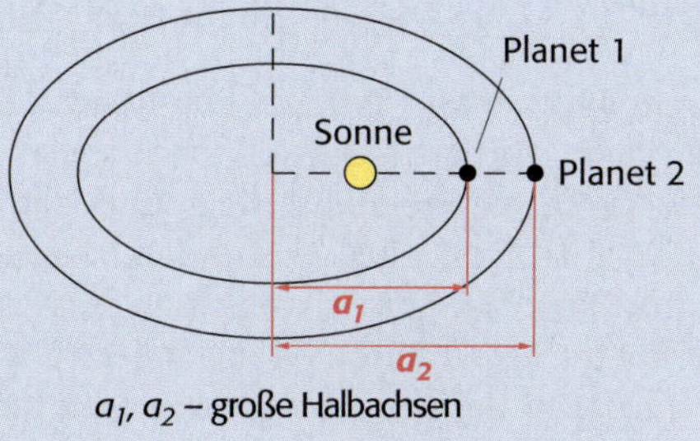

Aus diesen Gesetzen folgt:

- Die Planeten haben in Sonnennähe eine größere Geschwindigkeit als in Sonnenferne.
- Je größer der Abstand eines Planeten von der Sonne ist, desto kleiner ist seine Bahngeschwindigkeit.

Die **Sichtbarkeit von Planeten** hängt von ihrer Stellung zu Erde und Sonne ab.
Bei einer Beobachtung der Planeten von der Erde können wir nur die Überlagerung von scheinbarer und wahrer Bewegung registrieren.

2.3 Die Erde und ihr Mond

Erde und Mond sind enge kosmische Partner. Sie bewegen sich seit ihrer Entstehung gemeinsam um die Sonne und erhalten deshalb von ihr auch Licht und Wärme in etwa gleicher Intensität. Während die Erde der Planet des Lebens ist, herrschen auf dem Mond Bedingungen, unter denen sich nicht einmal primitive Einzeller entwickeln konnten.

Wie ist die unterschiedliche Entwicklung von Erde und Mond zu erklären? Welche Gemeinsamkeiten und welche Unterschiede gibt es zwischen Erde und Mond?

Gelegentlich verlassen Astronauten zu Montage- oder Reparaturarbeiten ihr Raumschiff. So erfolgte zum Beispiel im Dezember 1999 eine Reparatur des HUBBLE-Weltraumteleskops, dessen Instrumente zur Orientierung nicht mehr arbeiteten. Um außerhalb des Raumschiffes zu überleben, müssen die Astronauten kompliziert aufgebaute Raumanzüge tragen. Die Menschen auf der Erde trennt vom freien Weltall eine Gashülle, die Atmosphäre, die unsichtbar und an windstillen trockenen Tagen zudem nicht einmal zu spüren ist.

Weshalb kann uns diese Gashülle vor den lebensfeindlichen Bedingungen im All schützen?

An den Küsten der Nordsee, am Atlantik oder Pazifik kann man eindrucksvoll beobachten, wie der Wasserpegel regelmäßig steigt und fällt. In einem Rhythmus von etwa 6 Stunden wechseln Ebbe und Flut. Manchmal kommt es auch zu Springfluten. Der Unterschied in Wasserstand kann bis zu 12 m betragen. An der Nordsee beläuft sich die Schwankung des Wasserstandes zwischen Ebbe und Flut meist auf 2 m–3 m.

Wodurch entstehen Ebbe und Flut? Hat auch die Sonne Einfluss auf Ebbe und Flut?

Unsere Heimat im All – die Erde

Auch wenn die Ausdehnung der Erde unermesslich erscheinen mag, in kosmischen Maßstäben ist unser Heimatplanet eher ein winziger Himmelskörper (Bild 1). Der Radius der Sonne übersteigt den Erdradius um mehr als das 100-fache, auch einige Planeten unseres Sonnensystems sind weitaus größer als die Erde.
Da die Bahn der Erde nicht kreisförmig, sondern lediglich kreisähnlich ist, passiert die Erde auf ihrem Weg um die Sonne einen sonnennächsten (147,1 Mio. km) und einen sonnenfernsten (152,1 Mio. km) Punkt. Die relativ geringfügigen Abstandsänderungen zwischen Sonne und Erde bewirken jedoch keine merklichen Temperaturschwankungen im Laufe eines Jahres. **Die Jahreszeiten entstehen durch die Neigung der Erdachse gegen die Erdbahnebene** (↗ S. 48–49).
Der mittlere Abstand Sonne – Erde beträgt 149,6 Millionen Kilometer und wird als Astronomische Einheit (AE) bezeichnet.
Aus dem Bahnumfang und der Zeitdauer eines Jahres kann man leicht die mittlere Bahngeschwindigkeit der Erde berechnen. Sie beträgt rund 30 km/s. Die Erde ist damit etwa 100-mal schneller als der Schall in Luft. Diese enorme Geschwindigkeit ist glücklicherweise nicht zu spüren, denn alle Gegenstände auf der Erdoberfläche bewegen sich – wie die Passagiere in einem fahrenden Zug – gemeinsam mit der Erde um die Sonne.
Die Eigendrehung unseres Heimatplaneten führt zur Entstehung von Zentrifugalkräften. Unter der Wirkung dieser Kräfte verformt sich die Erde (Bild 2). Sie besitzt eine Äquatorwulst – in der Fachsprache sagt man, sie sei an den Polen abgeplattet. Allerdings ist die Abweichung der Erdgestalt von der Kugelform geringfügig. Astronauten können sie mit bloßem Auge aus dem Weltraum nicht wahrnehmen (Bild 1).

Die Erde im Überblick	
mittlerer Radius	6 371 km
Äquatorradius (a)	6 378 km
Polradius (b)	6 351 km
Abplattung der Erde (a – b)/a	1 : 298
Masse	$5{,}97 \cdot 10^{24}$ kg
mittlerer Abstand Erde – Sonne	$149{,}6 \cdot 10^{6}$ km = 1 AE
mittlere Bahngeschwindigkeit	29,785 km/s

1 Für einen außerirdischen Beobachter erscheint die Erde als Kugel. Das Foto zeigt den Blick aus einem Raumschiff auf die Erde.

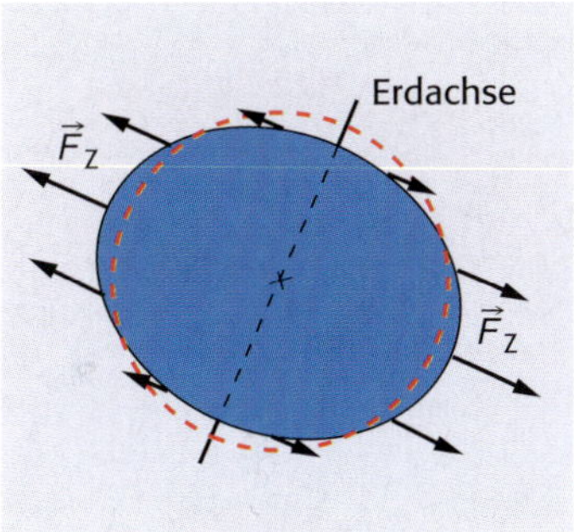

2 Die Abplattung der Erde kommt zustande, weil infolge der Erdrotation Zentrifugalkräfte wirken und die Erde kein starrer Körper ist.

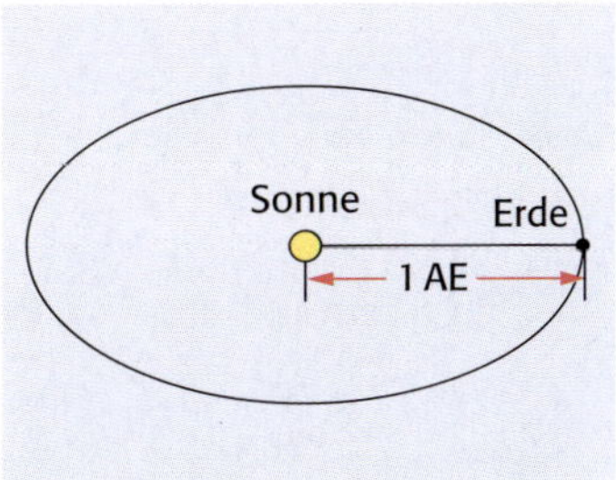

3 Die mittlere Entfernung Sonne-Erde beträgt 149,6 Mio. km oder eine Astronomische Einheit (1 AE).

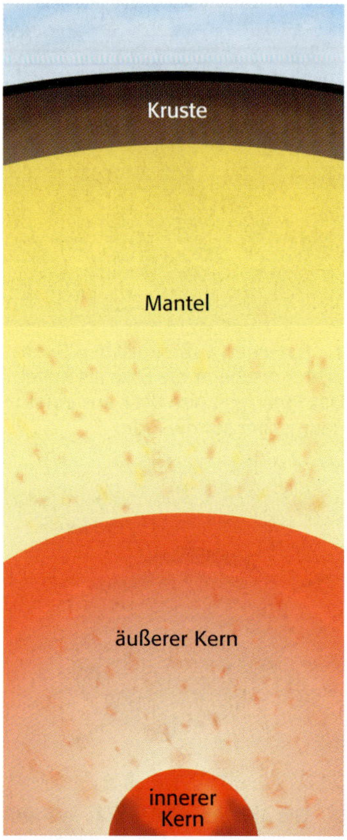

1 Der innere Aufbau der Erde mit der Erdkruste, dem Erdmantel und dem Erdkern

Die Erde im Modell

Wäre die Erde eine Kugel von einem Meter Durchmesser, dann

- würde der Äquatorradius nur 2 mm größer als der Polradius sein. Die Erdkugel erschiene wie ein perfekter Ball.
- betrüge der maximale Höhenunterschied zwischen den Gebirgen und Meeresböden etwa 1,5 mm. Man könnte also die höchsten Bergzüge der Welt gerade noch sehen. Deutschland würde man beim Tasten mit dem Finger als raue Fläche empfinden.
- wären die Meere Gebiete auf der Kugel, die von einem Wasserfilm bedeckt sind, ähnlich dem, der beim Verschütten eines Glases Limonade entsteht.
- würde die Höhe der Erdatmosphäre, bis zu der noch Menschen dauerhaft leben können, bei rund 0,3 mm über dem Boden erreicht. **Um den Lebensraum der Menschen zu erkennen, müsste man also eine Lupe zu Hilfe nehmen.**

Der innere Aufbau der Erde

Der innere Aufbau der Erde ist vor allem von Geologen erforscht worden. Die Untersuchungen zeigen: Das Erdinnere ist schalenförmig aufgebaut (Bild 1). Man unterscheidet drei Hauptschalen: die Kruste, den Mantel und den Kern.

> Die **Erdkruste** besteht aus Gesteinsmasse, deren Dicke zwischen 6 km und 40 km schwankt. Darunter schließt sich bis in eine Tiefe von ca. 2 900 km der **Erdmantel** an.

Abgesehen von einer teilweise flüssigen Schicht unterhalb der Kruste besteht der Erdmantel aus festem plastischen Material. Der **Erdkern** erstreckt sich über den halben Erdradius. Er besitzt eine hohe Dichte, weshalb man Eisen als den wichtigsten Kernbestandteil ansieht. Die Temperatur im Erdkern beträgt vermutlich 6 500 bis 6 600 °C. Unter Normalbedingungen wäre Eisen bei diesen Temperaturen längst geschmolzen. Der extrem hohe Druck im Erdinneren verhindert jedoch den Wechsel des Aggregatzustandes. Man geht deshalb davon aus, dass der Kern aus einer festen Zone um den Erdmittelpunkt besteht, an die sich in Richtung der Erdoberfläche ein flüssiges Gebiet anschließt.

Das **Magnetfeld** der Erde entsteht durch innere Strömungsvorgänge, die einen Dynamoeffekt hervorrufen. Durch den Dynamoeffekt lassen sich einige Eigenheiten des Erdmagnetfeldes gut erklären – etwa die geologisch bewiesene Tatsache, dass es sich im Laufe der Erdgeschichte immer wieder umgepolt hat.

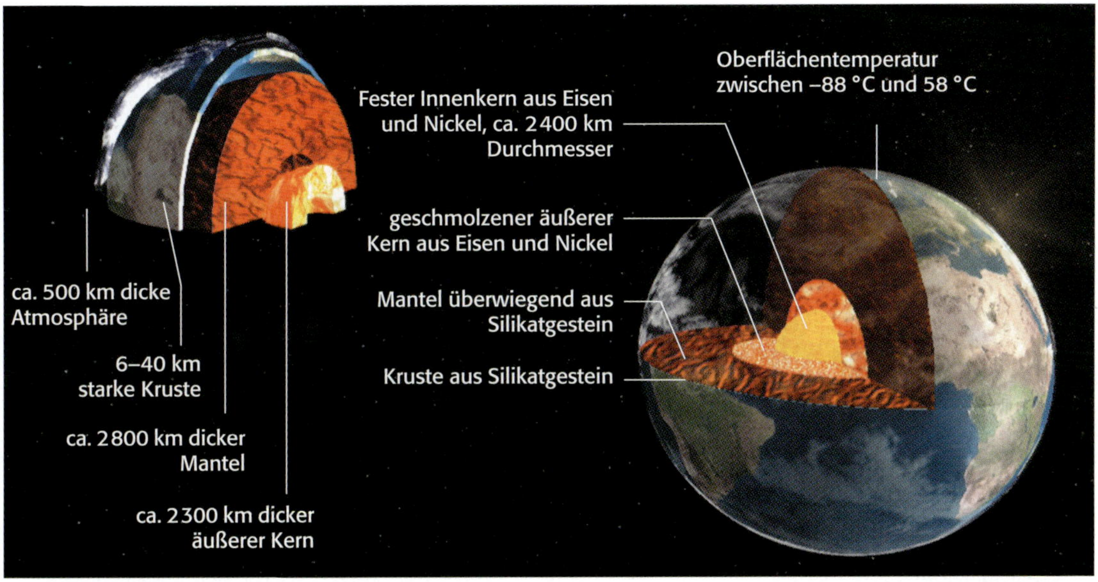

1 Schalenförmiger Aufbau der Erde

Die Erdatmosphäre

An einem windstillen Tag spürt man die Luft nicht, obgleich ein Kubikmeter von ihr immerhin eine Masse von 1,3 kg besitzt und die Luftsäule auf die Erdoberfläche einen Druck ausübt, der einer Last von 10 Tonnen pro Quadratmeter entspricht. Wir bewegen uns innerhalb des „Luftmeeres“. Dieses Luftmeer umgibt uns allseitig, weshalb auch der Druck allseitig auf den menschlichen Körper wirkt und ihn deshalb nicht zerstört. Er ist sogar unbedingt notwendig, damit alle Körperfunktionen aufrecht erhalten werden.

> Die Hauptbestandteile der Atmosphäre sind Stickstoff (78 %) und Sauerstoff (21 %).

Andere Gase wie Argon, Kohlenstoffdioxid, Neon, Helium und Methan tragen zur Gesamtzusammensetzung der Luft zwar nur wenig bei, besitzen aber teilweise eine entscheidende Bedeutung für den Wärmehaushalt der Erde.
Luft ist wie jeder andere gasförmige Stoff zusammendrückbar. Da die jeweils höher gelegenen Luftschichten einen Druck auf die darunter befindlichen ausüben, presst sich die Luft selbst zusammen und zwar umso stärker, je mehr Luftschichten sich über einem bestimmten Volumen befinden. Die Luft unmittelbar über der Erd-

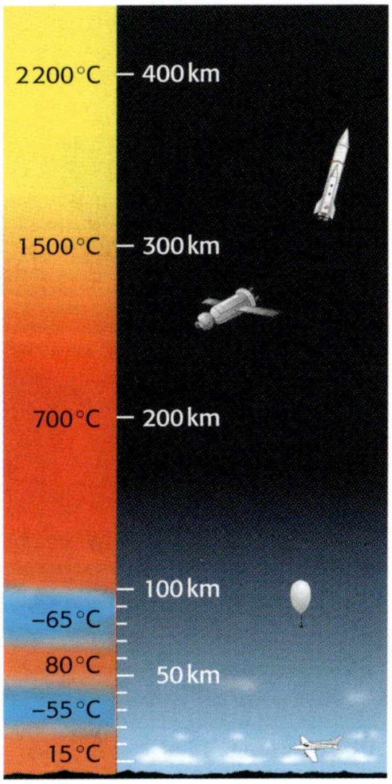

2 Aufbau der Erdatmosphäre

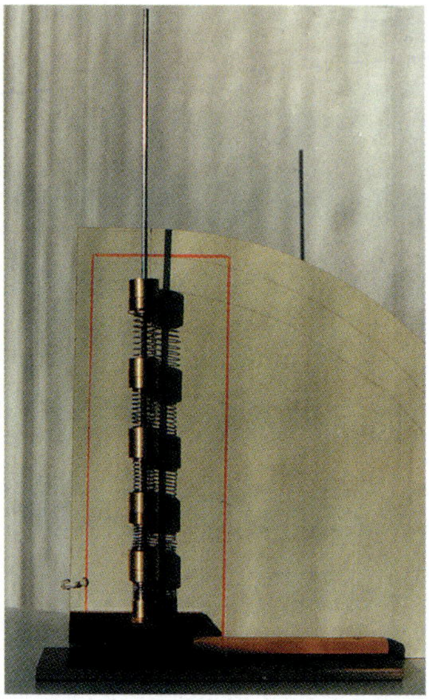

1 Federmodell zur Veranschaulichung der Dichte und des Druckes der Luft in der Erdatmosphäre.

oberfläche besitzt deshalb die größte Dichte. Hier erreicht auch der Luftdruck mit 1013 hPa seinen höchsten Wert. **Mit wachsender Höhe sinken Druck und Dichte ab.** Anhand eines einfachen Federmodells (Bild 1) lässt sich der Sachverhalt leicht verdeutlichen.
In den unteren Luftschichten verringert sich die Temperatur mit zunehmender Höhe. Ab einer Entfernung von 12 Kilometern zum Boden erwärmt sich die Atmosphäre wieder. In diesem Bereich filtert molekularer Sauerstoff den ultravioletten Anteil des Lichtes aus der Sonnenstrahlung heraus. Natürlich besitzt die ultraviolette Strahlung Energie, die aufgrund des Energieerhaltungssatzes nicht verloren gehen kann. Wenn der Sauerstoff die Strahlung aufnimmt, muss er sich deshalb zwangsläufig erwärmen.
Die wirkungsvollste Filterwirkung erzielt das **Sauerstoffmolekül Ozon (O_3)**. Würde die ultraviolette Strahlung ungefiltert bis zur Erdoberfläche gelangen, hätte das verheerende Auswirkungen. Dazu zählen die Erhöhung der Hautkrebsrate, die Zunahme von Schäden an den Erbanlagen und die Erblindung vieler Tierarten, sofern sie keinen hinreichenden Schutz vor der Sonneneinstrahlung finden. **Die Ozonschicht ist eine für das Leben unerlässliche Schutzhülle der Erde** (Bild 2). Außer der Ozonschicht halten aber auch andere Teile der Erdatmosphäre schädliche kosmische Strahlungen zurück oder dämpfen sie wirkungsvoll.

> Die Atmosphäre der Erde schützt das Leben vor energiereicher Strahlung.

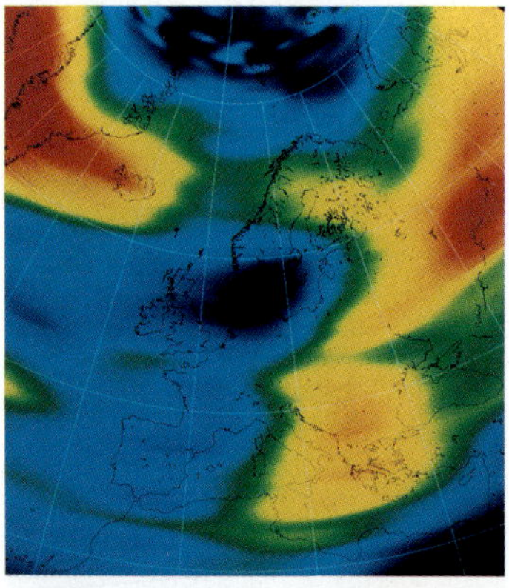

2 Das Ozonloch, eine Verdünnung der natürlichen Ozonschicht, wurde 1986 bei Auswertung von Satellitenaufnahmen entdeckt. Das Bild zeigt die unterschiedliche Dicke der Ozonschicht über Europa. An den blauen Stellen ist die Schicht besonders dünn.

Die Regulation der Lufttemperatur und das natürliche Gleichgewicht

Das Sonnenlicht erwärmt die Luft nicht direkt, sondern führt zunächst dem Boden oder der Meeresoberfläche thermische Energie zu. Danach geben das Wasser und die Erde die in ihnen gespeicherte Wärme an die Luft ab. Insgesamt besteht ein Gleichgewicht zwischen der Energieeinstrahlung der Sonne und der Energieabgabe durch die Erde.

> Zahlreiche, teilweise noch nicht erforschte Wirkungsmechanismen haben für ein natürliches Gleichgewicht gesorgt, das den Lebewesen stabile Entwicklungsbedingungen gab und gibt.

Zu diesen stabilen Bedingungen gehören die nahezu konstante Zusammensetzung der Luft und eine mittlere Temperatur von ca. 15 °C an der Erdoberfläche.

Der Erdmond und seine Bahn

Die Erde bewegt sich nicht allein durch das All. Sie wird vom Mond begleitet. Der Mond bewegt sich gemeinsam mit der Erde um die Sonne, umkreist dabei aber gleichzeitig unseren Heimatplaneten. Dabei verändert der Mond seine scheinbare Größe kaum, er nähert sich uns also nicht merklich an. **Aus dieser Beobachtung folgt, dass die Mondbahn näherungsweise als kreisförmig angesehen werden darf. Ihr mittlerer Radius beträgt 384 400 km.**
Wie bei der Erdrotation kann man auch die Bewegung des Mondes relativ zu einem Stern (siderisch) oder relativ zur Sonne (synodisch) untersuchen. Je nach Wahl des Bezugspunktes ergeben sich für die Dauer eines Mondumlaufes 27,3 Tage (siderischer Monat) oder 29,5 Tage (synodischer Monat).

1 Größenvergleich Erde–Mond

Der Mond im Überblick	
Mondradius	1 738 km
Masse	$7{,}35 \cdot 10^{22}$ kg
Umlaufzeit	27,32 Tage (siderisch) 29,53 Tage (synodisch)
mittlerer Bahnradius	384 400 km

Die Mondphasen

Die auffälligste Erscheinung am Mond sind seine verschiedenen Beleuchtungsformen. Schon während der frühen Menschheitsentwicklung bemerkten unsere Vorfahren, dass diese Leuchtgestalten – man nennt sie **Mondphasen** – stets in gleichen Zeitabständen wiederkehren.

> Es dauert immer 29,5 Tage, bis man die gleiche Mondphase beobachten kann.

Diese Erkenntnis wurde schon vor Jahrtausenden genutzt, um Kalender einzuführen, die sich auf die Zeitdauer bis zur Wiederkehr einer Mondphase stützen. Man nennt solche Kalender **Mondkalender**. Als man die heute gebräuchliche Kalenderrechnung einführte, spielte der Mondkalender eine Rolle. Auch heute sind weltweit viele religiöse Feiertage noch immer unter Einbeziehung der Mondphasen geregelt. So findet das **Osterfest stets am ersten Sonntag nach dem Frühlingsvollmond statt.**

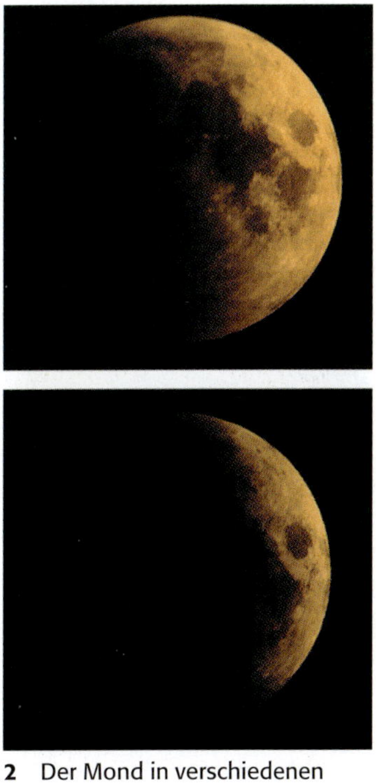
2 Der Mond in verschiedenen Phasen

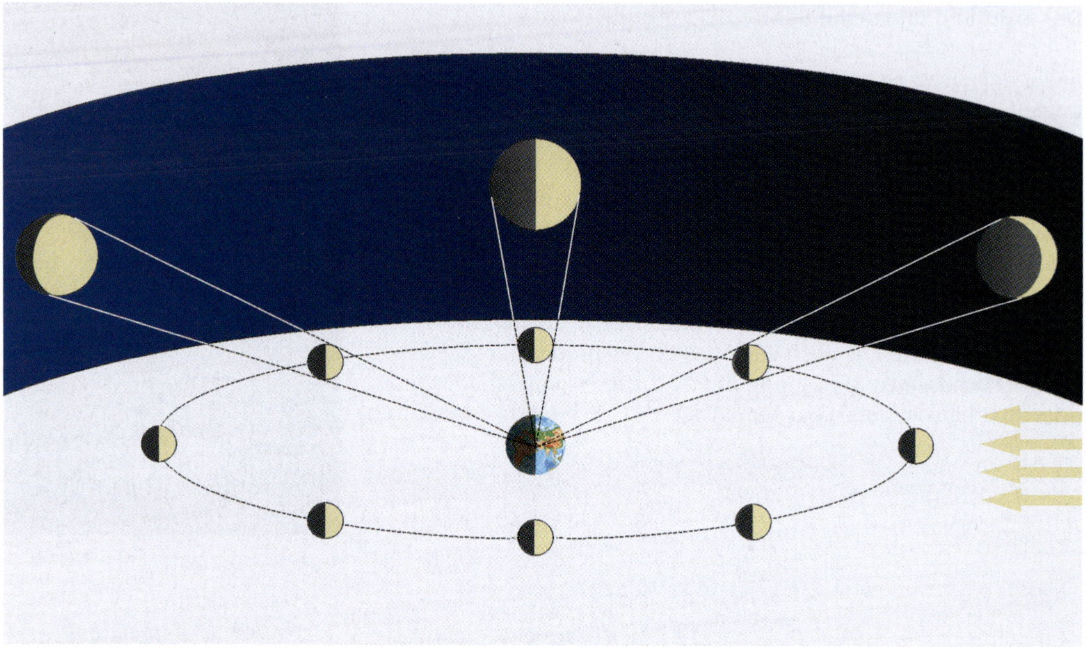

1 Die Entstehung der Mondphasen: Entscheidend ist die Stellung von Sonne, Erde und Mond zueinander.

Die Mondphasen kommen dadurch zustande,
- dass der Mond wie auch die Erde kein selbstleuchtender Körper ist, sondern von der Sonne beschienen wird und deren Licht reflektiert;
- Erde und Mond infolge ihrer Bewegung unterschiedliche Positionen zur Sonne einnehmen (Bild 1).

Von der Erde kann man nur bei **Vollmond** die gesamte beleuchtete Mondhälfte sehen. Bei **Neumond** betrachtet man die Seite des Mondes, die von der Sonne nicht beschienen wird. Alle anderen Phasen entstehen, weil der Beobachter sowohl einen erhellten als auch einen dunklen Teil der Mondoberfläche sieht. Durch den Mondlauf um die Erde verändert sich ständig die Beleuchtungssituation. Auf den **Neumond** folgt der **zunehmende Mond**, dann der **Vollmond** und schließlich der **abnehmende Mond**.

Der zunehmende Mond ist in der ersten, der abnehmende Mond in der zweiten Nachthälfte zu beobachten. Den Vollmond kann man die ganze Nacht hindurch sehen.

Einer bestimmten Mondphase entspricht immer die gleiche relative Lage von Erde und Mond zur Sonne. Sie ist stets nach dem Verstreichen eines synodischen Monats erreicht. Deshalb kann man formulieren:

Die Zeitdauer zwischen zwei gleichen Mondphasen heißt synodischer Monat. Ein synodischer Monat dauert 29,5 Tage.

Finsternisse

Eine **Finsternis** tritt ein, wenn der Schatten eines Himmelskörpers auf die Oberfläche eines anderen trifft (Bilder 1–4). Die dazu notwendige Lichtquelle ist die Sonne. Damit eine Finsternis entstehen kann, sind also insgesamt **drei Himmelskörper** erforderlich.

Man spricht von einer Mondfinsternis, wenn der Mond in den Erdschatten tritt. Die Erde befindet sich dann genau zwischen Sonne und Mond. Es ist Vollmond.
Eine Sonnenfinsternis ereignet sich, wenn der Schatten des Mondes Teile der Erdoberfläche berührt. Der Mond hält sich dabei zwischen Erde und Sonne auf. Es ist Neumond.

Weil die Sonne ein räumlich ausgedehntes Objekt ist, vermag sie einen Schatten zu erzeugen, der sich in Zonen unterschiedlicher Dunkelheit gliedert. Nur in den Bereich des **Kernschattens** gelangt kein Licht. Der **Halbschatten** ist heller als der Kernschatten, weil sein Gebiet von einen Teil des Sonnenlichtes erreicht wird.
Eine **totale Mondfinsternis** ereignet sich, wenn der Mond vollständig durch den Kernschatten der Erde hindurch geht. Bei einer **partiellen Mondfinsternis** streift der Mond den Erdschatten lediglich und wird deshalb auch nur teilweise verdunkelt.

1 Partielle Mondfinsternis. Die nächste totale Mondfinsternis ist am 9.1.2001 zu beobachten.

2 Die letzte totale Sonnenfinsternis war in Teilen Deutschlands am 11. August 1999 zu beobachten.

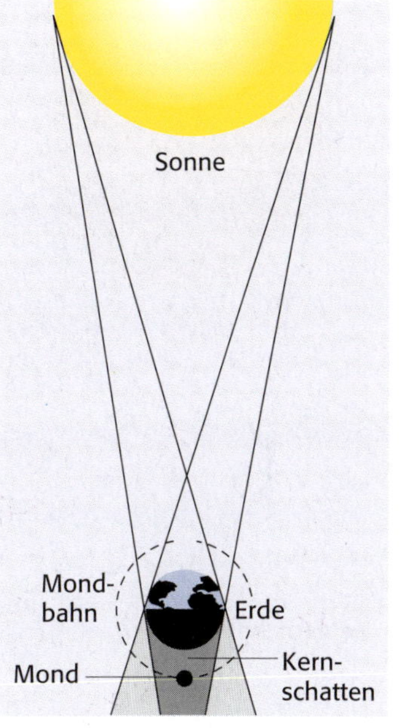

3 Mondfinsternis: Der Mond befindet sich im Schatten der Erde.

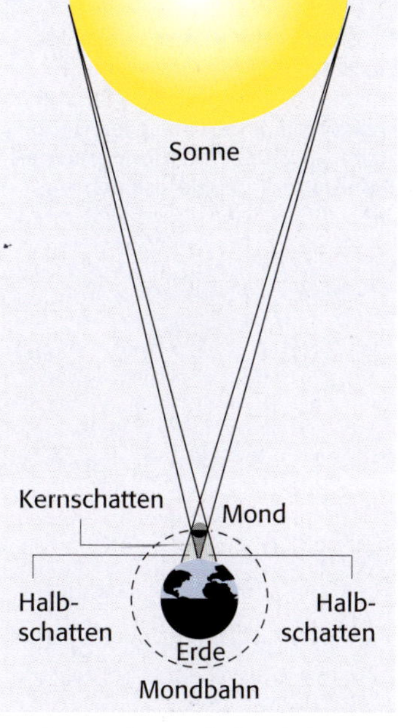

4 Sonnenfinsternis. Der Schatten des Mondes fällt auf die Erde.

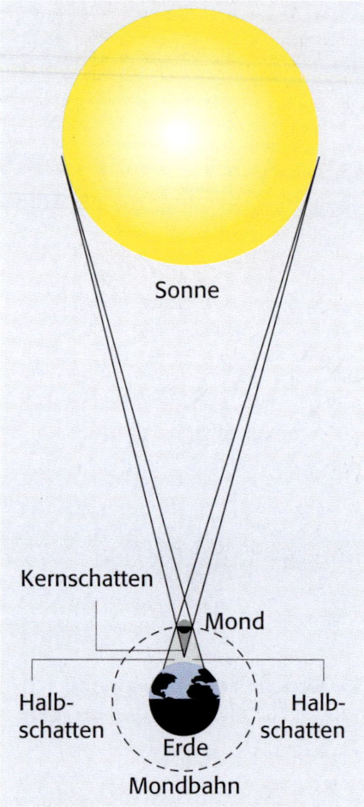

1 Erreicht der Kernschatten des Mondes nicht die Erdoberfläche, so entsteht eine ringförmige Sonnenfinsternis. Für den irdischen Beobachter erscheint die Mondscheibe kleiner als die Sonnenscheibe.

> Eine Mondfinsternis ist stets von allen Beobachtern auf der Nachseite der Erde zu sehen.

Entsprechend der totalen und partiellen Mondfinsternis unterscheidet man auch zwischen **totaler und partieller Sonnenfinsternis.** Aufgrund der Entfernungsverhältnisse und der unterschiedlichen Größe von Erde und Mond befindet sich jeweils nur ein kleiner Teil der Erdoberfläche im Schattenbereich des Mondes. Für die Sichtbarkeit einer Sonnenfinsternis bedeutet das:

> Eine Sonnenfinsternis ist nur von den Beobachtern zu verfolgen, die sich im Schattenbereich des Mondes befinden.

Die maximale Dauer einer totalen Sonnenfinsternis beträgt an einem bestimmten Ort 7,6 Minuten. Allerdings tritt nicht bei jedem Vollmond eine Mondfinsternis und bei jedem Neumond eine Sonnenfinsternis auf. Das liegt daran, weil die Mondbahn gegenüber der Erdbahn geneigt ist (Bild 2). Deshalb hält sich der Erdbegleiter auch nicht bei jedem Voll- oder Neumond in einer Ebene mit der Sonne und unserem Heimatplaneten auf. Die Schatten, die Erde und Mond natürlich immer besitzen, treffen dann auf keine Oberfläche, sie „verlieren“ sich im All.
Insgesamt ereigneten sich im 20. Jahrhundert 148 Mondfinsternisse und 228 Sonnenfinsternisse. Obwohl Sonnenfinsternisse häufiger sind, erleben wir Mondfinsternisse öfter, weil eine Mondfinsternis von einer gesamten Erdhalbkugel zu sehen ist, eine Sonnenfinsternis dagegen immer nur in einem sehr schmalen Streifen.

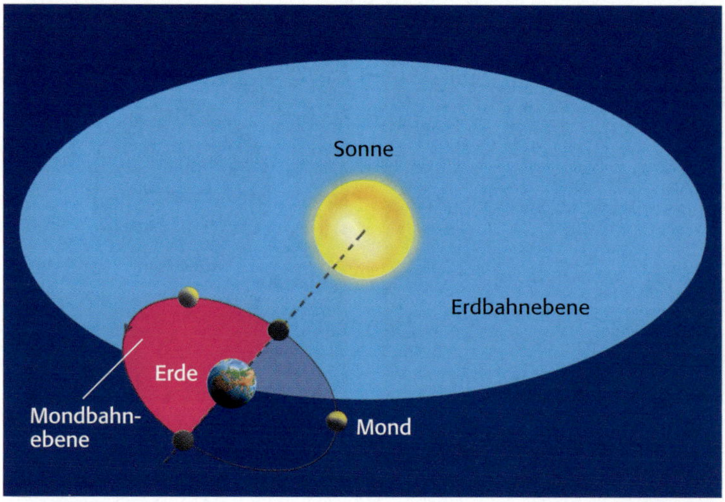

2 Erdbahnebene und Mondbahnebene schließen miteinander einen Winkel ein.

Oberflächenformen des Mondes

Bereits mit bloßem Auge erkennt man helle und dunkle Flächen auf dem Mond. In Unkenntnis der tatsächlichen physikalischen Bedingungen führte man zur Unterscheidung dieser Gebiete die Bezeichnungen **Maria** und **Terrae** ein, was in der Übersetzung nichts anderes als Meere und Landmassen bedeutet (mare: lat, Meer, Mehrzahl maria; terra: lat, Land, Mehrzahl terrae). Wie man heute weiß, gibt es keine mit Wasser gefüllten Ozeane auf dem Mond. Die Maria sind relativ ebene und tief liegende Regionen, die sich in der Frühgeschichte der Mondentwicklung mit dunklem Lavagestein gefüllt haben. Die Terrae erheben sich über die Maria. Sie sind zerklüftet und bergig.

1 Schon mit bloßem Auge sind auf dem Mond Strukturen zu erkennen.

> Die Maria sind Tiefebenen, die Terrae sind Hochebenen des Mondes.

Um eine weitere Oberflächenform des Mondes zu sehen, benötigt man ein Fernrohr. Schon bei einem flüchtigen Blick hindurch sind **die Krater** zu erkennen. Einige von ihnen besitzen einen auffälligen **Zentralberg**. Die meisten Krater sind durch den Aufprall von Meteoriten entstanden.
Besonders eindrucksvoll ist eine Beobachtung immer dann, wenn nur eine schmale Sichel des Mondes zu sehen ist. Die Sonnenstrahlen treffen dann sehr schräg auf die Mondoberfläche und alle aufragenden Gegenstände werfen lange Schatten.

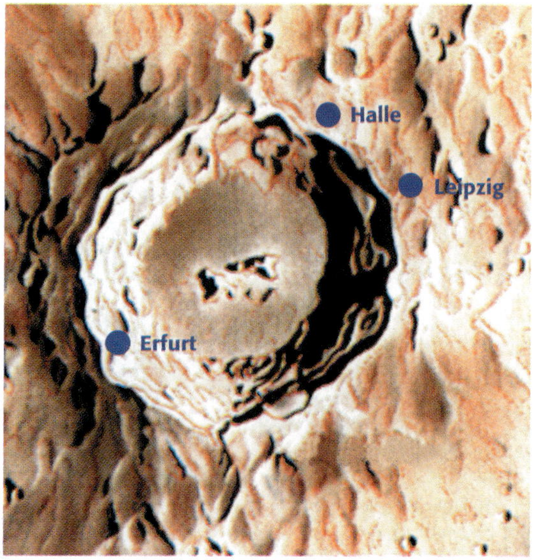

2 Krater auf dem Mond. Das rechte Bild zeigt eine Skizze des Mondkraters Kopernikus im Größenvergleich.

Raumfahrt zum Mond

Mit Beginn der Raumfahrt in den fünfziger Jahren des 20. Jahrhundert rückte auch der Mond als der uns nächste Himmelskörper sehr schnell in den Mittelpunkt der Aufmerksamkeit.
Bereits 1959 umrundete die sowjetische Sonde „Luna 3“ den Mond und lieferte erste Bilder von der Rückseite des Mondes. Einige weitere wichtige Etappen der Monderkundung zeigt die Übersicht auf S. 85.
In den sechziger Jahren kam es zwischen den USA und der Sowjetunion zu einem regelrechten Wettlauf zum Mond.
Höhepunkte dabei waren die weichen Landungen von Sonden auf dem Mond (Luna 9, Surveyor) und vor allem der erste Flug von Menschen zum Mond.
Durch eine Reihe von Sonden erfolgte zunächst in den sechzigern Jahren eine weitere Erkundung des Mondes. Zur Vorbereitung einer Mondlandung vom Menschen wurde der Mond auch von bemannten Raumschiffen umflogen und Phasen einer Landung simuliert.
Als erster Mensch betrat am 21. 7. 1969 der amerikanische Astronaut NEIL ARMSTRONG die Mondoberfläche. Kurz darauf folgte EDWIN ALDRIN. NEIL ARMSTRONG kommentierte die Direktübertragung, die ca. 600 Millionen Menschen im Fernsehen verfolgten:
„Ich bin am Fuß der Leiter. Die LM (lunar module)-Füße drücken nur ein oder zwei Zoll in die Oberfläche ein, obwohl sie sehr feinkörnig wirkt, wenn man näherkommt. Sie ist fast wie Puder. Ich steige jetzt vom LM herunter. Das ist ein kleiner Schritt für einen Menschen, aber ein gewaltiger Sprung für die Menschheit.“
Dieser Sprung erfolgte am 21. Juli 1969 um 3.56 Uhr MEZ. Der Flug war auch aus wissenschaftlicher Hinsicht von Interesse. Die Astronauten brachten etwa 21 kg Mondgestein mit auf die Erde.

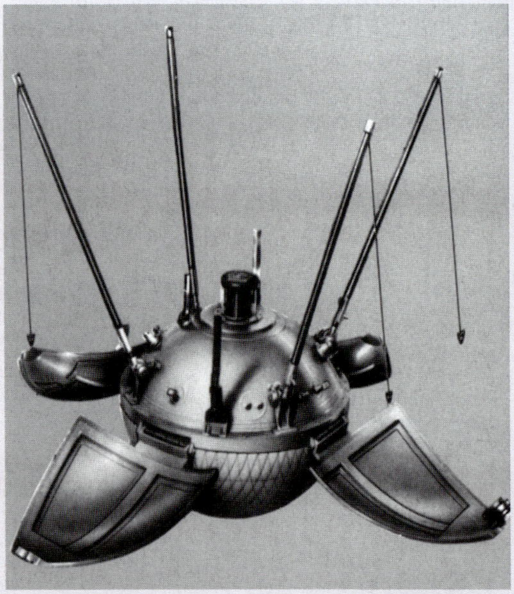

1 Mit der sowjetischen Sonde „Luna 9“ gelang 1966 erstmals eine weiche Landung auf dem Erdtrabanten.

2 Das Mondlandefahrzeug „Eagle“ (Adler) auf dem Mond. Der Astronaut EDWIN ALDRIN steigt gerade aus.

Jahr	Raumsonde	Ergebnisse und Besonderheiten
1959	Luna 3	Die sowjetische Sonde überträgt die ersten Bilder von der Rückseite des Mondes.
1964	Ranger 7	Der amerikanische Raumflugkörper sendet die ersten Nahaufnahmen des Mondes zur Erde.
1966	Luna 9	Nach mehreren erfolglosen Versuchen gelingt am 3.2. die weiche Landung eines Raumflugkörpers auf dem Erdtrabanten.
1966 bis 1968	Surveyor 1 bis Surveyor 7	Diese Sonden übertragen Fotos von der Mondoberfläche, landen teilweise weich auf dem Mond und führen dort einige Experimente durch. Sie dienen hauptsächlich der Vorbereitung von bemannten Raumflügen.
1969	Apollo 11	Am 21.7. betreten zum ersten Mal Menschen den Mond. Es sind die beiden Amerikaner NEIL ARMSTRONG und EDWIN ALDRIN.
1970	Lunochod 1	Das erste fahrbare Mondlabor wird in Betrieb gesetzt.
1972	Apollo 17	Es findet die bis heute letzte bemannte Raumfahrtmission zum Mond statt.
1994	Clementine	Die Raumsonde führt Radaruntersuchungen durch und liefert eine Fülle von Bilddaten.
1998	Lunar Prospector	Entdeckung von Wassereis in den Polregionen des Mondes.

1 Die Astronauten haben auf dem Mond Instrumente installiert.

Der letzte bemannte Mondflug erfolgte 1972. Dann wurden die Flüge vor allem aus Kostengründen eingestellt. Erst in jüngster Zeit nahm man die Monderkundung durch Raumflugkörper wieder auf.

2 Das sowjetische Mondmobil „Lunochod" führte 1970 zahlreiche Messungen durch.

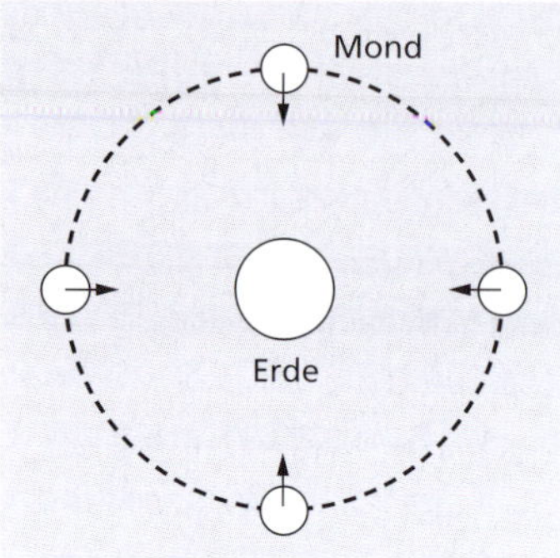

1 Von der Erde aus sehen wir immer nur die gleiche Seite des Mondes weil die Dauer seiner Rotation genau so groß ist wie seine Umlaufzeit um die Erde.

Die gebundene Rotation

Die Beobachtung der Mondoberfläche erbringt ein wichtiges Resultat:

> Von der Erde kann man immer nur die gleiche Seite des Mondes betrachten.

Während der Mond einmal um die Erde läuft, dreht er sich gleichzeitig einmal um seine eigene Achse. Eigendrehung und Bahndrehung erfolgen im Gleichtakt, sie sind aneinander gekoppelt. Diese spezielle Form der Bewegung nennt man **gebundene Rotation**. Das Aussehen der Rückseite des Mondes war bis zum Beginn des Zeitalters der Raumfahrt ein ungelöstes Rätsel. Inzwischen konnten neben mehreren Raumsonden auch einige Astronauten mit eigenen Augen feststellen, wie der Mond auf der erdabgewandten Seite aussieht. Die Gestalt dieser Mondhälfte ähnelt der der Vorderseite. Es gibt allerdings dort nur wenige Maria.

Die physikalischen Bedingungen auf der Mondoberfläche

Infolge seines Umlaufs um die Erde bewegt sich der Mond vor dem Hintergrund der Sterne.
Dabei bedeckt er immer wieder einzelne von ihnen, er schiebt sich also in das vom Stern zur Erde kommende Licht. Eine Sternbedeckung des Mondes verläuft stets schlagartig. Hätte der Mond eine Atmosphäre, dann müsste das Sternlicht – ähnlich wie beim Sonnenuntergang auf der Erde – aber allmählich schwächer werden.
Aus diesen Beobachtungen ergibt sich:

> Der Mond besitzt im Unterschied zur Erde keine Atmosphäre.

2 Die Rückseite des Mondes, von einem Raumschiff fotografiert

Der physikalische Grund für das Fehlen einer Gashülle ist die zu geringe Gravitationskraft des Mondes. Der Mondradius beträgt nur etwa 1/4 des Erdradius. Die Erdmasse übersteigt die Mondmasse um mehr als das 80-fache. Daraus resultiert eine Fallbeschleunigung, die an der Oberfläche des Mondes nur 1/6 des Wertes auf der Erde hat. Sie ist zu gering, um gasförmige Stoffe dauerhaft zu binden. Gase, die sich auf dem Mond vor langer Zeit gebildet haben, sind schon längst in den Weltraum entwichen.
Der unmittelbare Vergleich zwischen Erde und Mond zeigt, wie intensiv eine Atmosphäre die Oberflächengestalt eines Himmelskörpers prägt. Wie der Mond wurde auch die Erde in der Vergan-

genheit von kosmischen Kleinkörpern getroffen. Sie ist jedoch nicht von Kratern übersät, weil Wind und Wasser die Spuren der einstigen Einschläge schon längst wieder getilgt haben. Auf dem Mond blieben sie hingegen weitgehend erhalten.
Auch der von der Erdatmosphäre bewirkte Temperaturausgleich zwischen Tag und Nacht kann auf dem Mond nicht erfolgen. So kommt es zu extremen Temperaturgegensätzen. Der von der Sonne beschienene Mondboden erhitzt sich bis auf 130 °C und kühlt auf der Nachtseite unter –150 °C ab.
Obgleich das Geschehen auf dem Mond im Vergleich zur Erde recht „eintönig" erscheinen mag, ist seine Erforschung gewiss nicht langweilig. Im Jahr 1998 entdeckte eine Raumsonde überraschend Wassereis auf dem Mond. Es befindet sich in einigen Kratern, auf deren Boden niemals Sonnenlicht fällt. Trotz dieses Fundes ist der Mond insgesamt aber ein wasserloser und lebensfeindlicher Himmelskörper.

1 Die meisten Krater auf dem Mond sind durch Einschläge von Kleinkörpern entstanden.

Die Gezeiten

Der Mond befindet sich im Gravitationsfeld der Erde und umgekehrt die Erde im Gravitationsfeld des Mondes. Weil die Erde aber ein ausgedehntes Objekt ist, sind verschiedene Gebiete ihrer Oberfläche unterschiedlich weit vom Mittelpunkt des Mondes entfernt. Demzufolge wirkt die Gravitationskraft des Mondes stärker auf diejenige Erdseite, die ihm zugewandt ist. Wäre die Erde eine völlig verformbare Kugel, dann müsste sie sich „auseinanderziehen". Die Erde als Ganzes besitzt genügend innere Bindungskräfte, um diesen Vorgang zu verhindern. Das Wasser der Ozeane zeigt den Effekt jedoch in gewissen Grenzen. Es kommt zur Ausbildung von zwei Flutbergen. Die Erde dreht sich unter diesen Flutbergen hinweg. An den Küsten tritt etwa alle 12 Stunden die **Flut** ein. Nach einer Flut geht der Pegelstand zunächst zurück. Man spricht von **Ebbe**.

2 Entstehung von Ebbe und Flut: Durch die Gravitationskraft des Mondes werden die Flutberge geformt.

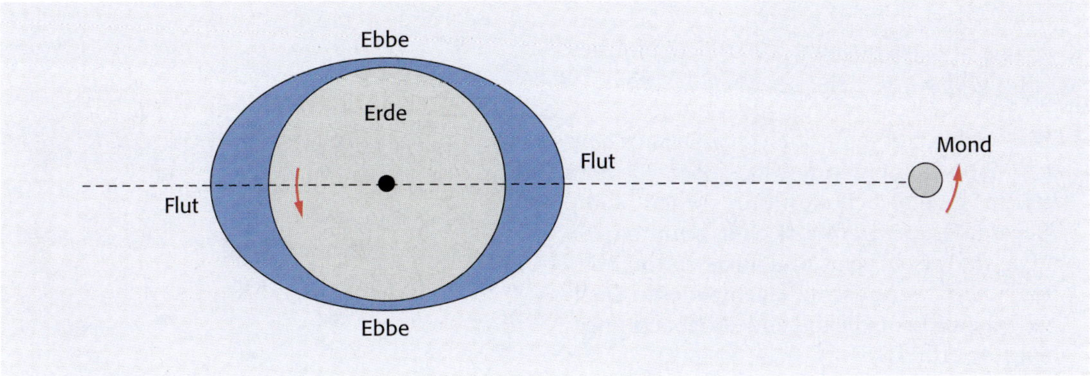

Aufgaben

1. Berechne die mittlere Bahngeschwindigkeit der Erde um die Sonne! Nimm zur Vereinfachung an, die Erdbahn sei ein Kreis!

2. Erläutere den Schalenaufbau der Erde!

3. Begründe, weshalb der Luftdruck mit zunehmender Höhe über dem Erdboden abnimmt!

4. Nenne Formen von elektromagnetischer Strahlung, vor denen die Atmosphäre das Leben auf der Erde schützt!

5. Berechne die mittlere Dichte der Erde und des Mondes und vergleiche die Ergebnisse!

6. Welche der folgenden Aussagen ist wahr, welche falsch? Begründe deine Entscheidung!
   a) Der zunehmende Mond wird in der ersten Nachhälfte beobachtet.
   b) Der Vollmond ist nur von der Nordhälfte der Erde zu sehen.
   c) Bei Neumond kann man den Erdbegleiter in Deutschland deshalb nicht sehen, weil er sich unterhalb des Horizontes befindet.
   d) Die Sonne beleuchtet stets 50 % der Mondoberfläche.
   e) Bei Vollmond befindet sich der Mond zwischen Erde und Sonne.

7. Erkläre die Entstehung einer Mondfinsternis und einer Sonnenfinsternis!

8. Nenne die wichtigsten Oberflächenformen des Mondes!

9. Die Zeichnung rechts oben gibt die Lage einiger Maria auf dem Mond so wieder, wie man sie in einem Schulfernrohr sehen kann. Gegenüber dem Anblick mit dem bloßen Auge sind also „rechts und links“ sowie „oben und unten“ vertauscht. Beachte diesen Sachverhalt, wenn du die folgende Beobachtungsaufgabe erfüllst.

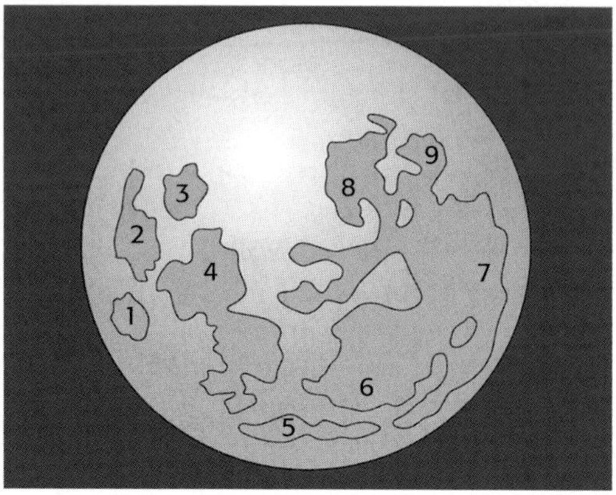

1 Meer der Gefahren (Mare Crisium)
2 Meer der Fruchtbarkeit (Mare Fecunditatis)
3 Nektarmeer (Mare Nectaris)
4 Meer der Ruhe (Mare Tranquillitatis)
5 Meer der Kälte (Mare Frigoris)
6 Regenmeer (Mare Imbrium)
7 Ozean der Stürme (Oceanus Procellarum)
8 Meer der Wolken (Mare Nubium)
9 Meer der Feuchtigkeit (Mare Humorum)

   a) Zeichne auf ein weißes Blatt der Größe A4 einen Kreis mit einem Durchmesser von etwa 10 cm–14 cm.
   b) Skizziere den Verlauf der Grenze zwischen beleuchtetem und unbeleuchtetem Teil des Mondes in den vorgegebenen Kreis!
   c) Zeichne die Lage der dunkel wahrzunehmenden Maria ein! Benenne sie!

10. In welcher Stellung (s. Skizze) befindet sich der Mond bei Neumond, Vollmond, abnehmendem Mond und zunehmendem Mond? Begründe deine Aussagen!

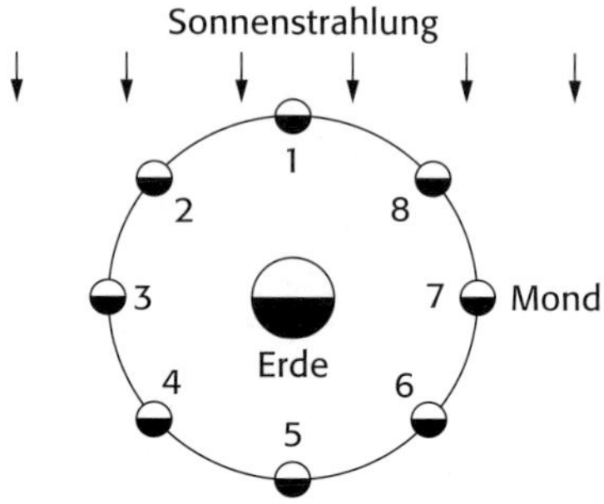

Das Wichtigste im Überblick

Die Besonderheiten von Erde und Mond werden in einem Vergleich besonders deutlich.

	Erde	Mond
Bewegungen um eine Achse bzw. um die Erde	Eigenrotation	Eigenrotation und Bahnbewegung um die Erde. Beide Bewegungen sind gekoppelt (gebundene Rotation).
Bewegung um die Sonne	Bahnbewegung um die Sonne	Bewegung mit der Erde um die Sonne
Die Erde ist etwa 500-mal weiter von der Sonne entfernt als der Mond von der Erde. Licht mit einer Geschwindigkeit von 300 000 km/s benötigt bis zum Mond etwas mehr als 1 Sekunde, die Strecke zur Sonne legt es in etwa 8 Minuten zurück.		
Masse	Die Erdmasse ist 81-mal größer als die Masse des Mondes.	
Radius	Der Mondradius ist rund viermal kleiner als der Erdradius.	
Dichte	Die Erde besitzt die 1,6fache Dichte des Mondes.	
Fallbeschleunigung	An der Oberfläche des Mondes hat die Fallbeschleunigung nur 1/6 des Wertes auf der Erdoberfläche.	
Atmosphäre und Wasserhülle	Kann eine Gashülle binden. – Atmosphäre aus Sauerstoff (21 %), Stickstoff (78 %) und weiteren Gasen – zu 70 % mit Wasser bedeckt – Temperaturausgleich zwischen Tag und Nacht	Einst entstandene Gase haben die Oberfläche längst verlassen. – keine Atmosphäre – kein Wasser – extreme Temperaturgegensätze
Auswirkungen des Vorhandenseins bzw. Fehlens von Atmosphäre und Wasser	– Schutz vor kosmischen Einflüssen (Strahlung, Kleinkörper aus dem All) – Verwitterungsprozesse auf der Oberfläche, z. B. Abtragung von Bergen	– Oberfläche ist den kosmischen Einflüssen direkt ausgesetzt. – Einschlagskrater der Meteorite blieben erhalten.
Oberfläche	– Kontinente mit Ebenen und Gebirgen – Ozeane mit Tiefseegräben	– Hochländer (Terrae) – Tiefländer (Maria) – Krater

2.4 Die anderen Planeten und ihre Monde

In keinem Teilgebiet der Astronomie sind durch die Raumfahrt so direkt sichtbare Erfolge erzielt worden wie bei der Erkundung der Planeten und ihrer Monde. Raumsonden sind zu fast allen Planeten geflogen. Sie funkten eindrucksvolle Bilder von diesen planetaren Welten zur Erde. Auf einigen Planeten landeten sogar Sonden und übermittelten uns so einen unmittelbaren Eindruck von den Oberflächenverhältnissen dieser Erdgeschwister.

Phantasielandschaften, wie sie das Bild rechts zeigt, wurden durch Fotos von den Oberflächen ersetzt.

Auf welchen Planeten sind bisher Raumsonden gelandet? Wie haben die Erkundungen unser Bild von den Planeten und ihren Monden verändert? Wie sieht die Oberfläche der Venus tatsächlich aus?

Die großen Planeten unseres Sonnensystems besitzen eine Vielzahl von Begleitern. Die Monde in diesen „kleinen Planetensystemen" bewegen sich nach den gleichen Gesetzen wie die Planeten um die Sonne. Diese kleinen Himmelskörper, die in irdischen Fernrohren, wenn überhaupt, nur als winzige Pünktchen zu sehen sind, entfalten in den Bildern von den Planetensonden ihre bizarren Welten.

Wie viele Monde gibt es in unserem Sonnensystem?

Wie unterscheiden sich diese Monde voneinander? Wie unterscheiden sie sich von unserem Erdmond?

Der Planet Saturn verfügt über ein gewaltiges Ringsystem, das sich in einer Ebene um den Planeten herum befindet. Erst in den letzten Jahrzehnten ist es mit Hilfe von Raumsonden gelungen, Aufbau und Struktur dieses Ringsystems genauer zu erforschen.

Gibt es weitere Planeten mit Ringsystemen?

Woraus bestehen diese Ringe? Wie ist ihre Existenz zu erklären?

Die Einteilung der Planeten

Die neun großen Planeten unseres Sonnensystems lassen sich in verschiedene Gruppen einteilen. Nach der Lage ihrer Bahn in Bezug zur Erdbahn kann man zwischen **inneren** und **äußeren Planeten** unterscheiden (↗ S. 70)
Bezüglich der Sichtbarkeit kann man die Planeten in **mit bloßem Auge sichtbare** und **teleskopische** einteilen (↗ S. 59).
Ein anderes Kriterium für die Einteilung der Planeten ergibt sich aus dem Vergleich ihrer Radien, ihrer Massen und ihrer Dichten.

1 Saturn ist ein äußerer Planet, weil seine Bahn außerhalb der Erdbahn verläuft. Er ist mit bloßem Auge sichtbar und gehört zu den jupiterähnlichen Planeten.

Planeten	Äquatorradius in km	Masse in 10^{24} kg	mittlere Dichte in $g \cdot cm^{-3}$
Merkur	2440	0,34	5,4
Venus	6200	4,87	5,24
Erde	6378	5,97	5,52
Mars	3400	0,64	3,93
Jupiter	71400	1900	1,33
Saturn	60400	569	0,69
Uranus	25600	87	1,24
Neptun	24800	103	1,65
Pluto	1150	0,013	2,0

Der Vergleich der mittleren Dichten zeigt, dass die Planeten Merkur, Venus, Erde und Mars wesentlich höhere Dichten haben als die Planeten Jupiter, Saturn, Uranus, Neptun und Pluto. Dies ist ein Hinweis auf den grundlegend verschiedenen inneren Aufbau dieser beiden Gruppen von Planeten. Die Erde und die ihr ähnlichen Planeten besitzen einen großen Anteil an Stoffen höherer Dichte (Metalle, Gestein). Die dem Jupiter ähnlichen Planeten haben einen wesentlich größeren Radius, aber eine relativ kleine Dichte. Das deutet auf das Vorkommen von großen Mengen leichter Elemente wie Wasserstoff und Helium hin. In der Astronomie unterscheidet man deshalb **erdähnliche** und **jupiterähnliche** Planeten.

2 Venus ist ein innerer Planet, weil seine Bahn innerhalb der Erdbahn verläuft. Sie ist mit bloßem Auge sichtbar (Morgenstern, Abendstern) und gehört zu den erdähnlichen Planeten. Das Bild ist aus zahlreichen Teilbildern zusammengesetzt. Es zeigt, wie der Planet ohne Atmosphäre aussehen würde.

> Erdähnliche Planeten sind Merkur, Venus, Erde und Mars. Jupiterähnliche Planeten sind Jupiter, Saturn, Uranus und Neptun.

Pluto lässt sich nicht in eine der beiden Gruppen einordnen, da er Eigenschaften beider besitzt.

Erdähnliche und jupiterähnliche Planeten weisen charakteristische Unterschiede auf, die in der nachfolgenden Übersicht dargestellt sind.

Eigenschaften	erdähnliche Planeten	jupiterähnliche Planeten
Durchmesser	klein	groß
Masse	klein	groß
Dichte	groß	klein
Oberfläche	fest	gasförmig
Kerngebiet	glühend-flüssig	fest

Die **erdähnlichen Planeten** sind relativ kleine und massearme Himmelskörper mit einer relativ großen Dichte. Die Planeten haben eine feste Oberfläche.
Die **jupiterähnliche Planeten** sind relativ große und massereiche Himmelskörper mit einer relativ kleinen Dichte. Sie haben keine feste Oberfläche.
Nachfolgend werden die einzelnen Planeten genauer beschrieben.

Merkur

Merkur ist nicht nur der sonnennächste Planet. Er hat auch die kürzeste Umlaufzeit aller Planeten, die größte Bahngeschwindigkeit und neben Pluto den kleinsten Durchmesser und die geringste Masse (Bild 1).

1 Die auffälligste Struktur der Merkuroberfläche ist das Caloris Basin (Bild rechts unten), ein riesiges Einsturzbecken mit zahlreichen Gebirgsringen von 1 400 km Durchmesser. Berechnungen zeigen, dass dieses Becken durch den Aufprall eines Planetoiden von ca. 100 km Durchmesser entstanden ist, der mit einer Geschwindigkeit von etwa 5 km/s auf die Oberfläche stürzte. Diese Struktur liegt 2 Kilometer tiefer als die umliegende Landschaft.

Äquatorradius r	Masse m	mittlere Dichte ρ	mittlere Entfernung a von der Sonne	Umlaufzeit T um die Sonne
2440 km ($0{,}37\,r_E$)	$3{,}4 \cdot 10^{23}$ kg ($0{,}06 \cdot m_E$)	5,4 g/cm³ ($0{,}98 \cdot \rho_E$)	57,9 Mio. km ($0{,}39 \cdot a_E$)	0,24 Jahre ($0{,}24 \cdot T_E$)

Bei einer Umlaufzeit um die Sonne von 88 Tagen beträgt seine durchschnittliche Bahngeschwindigkeit 47,9 km/s.
Durch seine Sonnennähe sind die Beobachtungsbedingungen meist ungünstig. Das führt dazu, dass mit optischen Geräten von der Erde aus keine klaren Konturen auf der Oberfläche auszumachen sind. Es zeigen sich lediglich einige helle und dunkle Gebiete. Temperaturmessungen ergeben Werte von ca. 400 °C bis 700 °C für die Tagseite und –160 °C für die Nachtseite des Planeten. Diese Messungen bestätigen das Fehlen einer dichten Atmosphäre und lassen auf eine mondähnliche Beschaffenheit der Oberfläche schließen. Das wurde durch Raumflugkörper in den siebziger Jahren bestätigt (Bild 1).

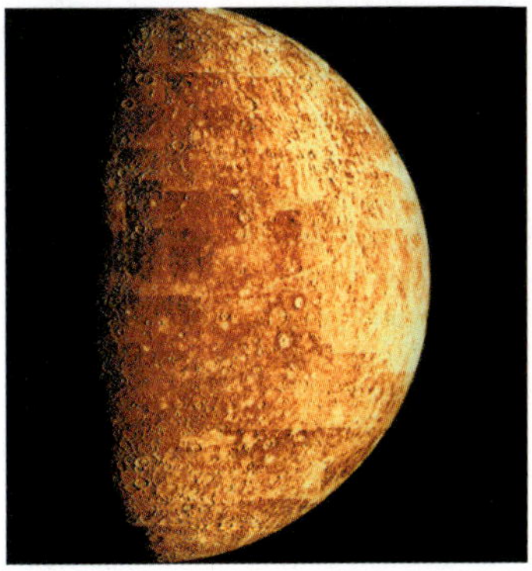

1 Ähnlich wie der Erdmond ist Merkur mit zahlreichen Kratern übersäht.

Drei Landschaftstypen können unterschieden werden: Relativ glatte Ebenen, kraterreiche Gebiete sowie ein leicht welliges Hügelland mit einer Vielzahl kleinster Krater zwischen den an größeren Kraterstrukturen reichen Regionen. Merkur dürfte zu etwa 2/3 aus Eisen bestehen und noch einen flüssig-glühenden Kern besitzen, der ungefähr 80 % des Durchmessers einnimmt. Diese Kernzone erzeugt ein schwaches Magnetfeld.

Venus

Die Venus ist nach Sonne und Mond das hellste Objekt am Himmel. Trotzdem lassen sich keine Einzelheiten der Oberfläche erkennen, da sie von einer dichten, wolkenreichen Atmosphäre eingehüllt ist (Bild 2) . Bis in die sechziger Jahren des 20. Jahrhunderts glaubte man, dass die Venus ein Schwesterplanet der Erde sei. Dafür sprechen die sehr ähnlichen Durchmesser, Massen und Dichten beider Körper. Bei einer Umlaufzeit um die Sonne von ca. 226 Tagen beträgt ihre durchschnittliche Bahngeschwindigkeit 35 km/s.

2 Während die Wolken in der Venusatmosphäre im sichtbaren Licht nur schwer zu erkennen sind, zeigen sich auf Ultraviolett-Aufnahmen deutliche Strukturen.

Äquatorradius r	Masse m	mittlere Dichte ρ	mittlere Entfernung a von der Sonne	Umlaufzeit T um die Sonne
6200 km ($0{,}97 \cdot r_E$)	$4{,}87 \cdot 10^{24}$ kg ($0{,}82 \cdot m_E$)	5,24 g/cm³ ($0{,}95 \cdot \rho_E$)	108,2 Mio. km ($0{,}72 \cdot a_E$)	0,62 Jahre ($0{,}62 \cdot T_E$)

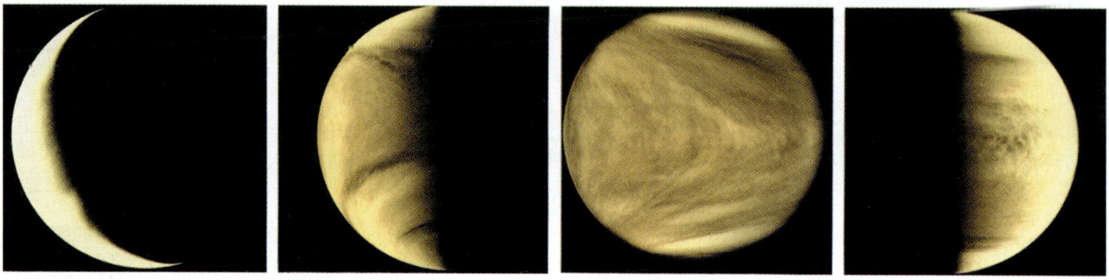

1 Wenn die Venus am Morgen vor der Sonne aufgeht, wird sie als Morgenstern, und wenn sie am Abend nach der Sonne untergeht, als Abendstern bezeichnet. Ähnlich wie unser Mond zeigt auch die Venus unterschiedliche Lichtgestalten.

2 Da die Wolkenschichten auch an der Oberfläche sehr dicht sind, kann man großflächige Strukturen nur durch Radarbeobachtungen erkennen. Nach diesen Untersuchungen ist die Oberfläche sehr vielgestaltig. Es gibt tiefe Täler, hohe Gebirge, zahlreiche Krater und mehrere eindrucksvolle Hochebenen.

Untersuchungen durch Raumsonden haben ein umfangreiches und wesentlich detaillierteres Bild der Venus geliefert. Es zeigt, dass unser Nachbarplanet wenig Ähnlichkeiten mit der Erde hat. Ein großer Teil der Sonnenstrahlung wird von den äußeren Wolkenschichten der Venus in den Weltraum zurückgeworfen. Durch diesen Vorgang herrscht auf der Oberfläche ein Dämmerzustand. Der Teil der Sonnenstrahlung, der die Oberfläche erreicht und in Form von Wärmestrahlung wieder abgegeben wird, gelangt wegen der kohlendioxidreichen Atmosphäre nicht in den Weltraum. Das führt zum Treibhauseffekt. Es erfolgt eine Aufheizung der oberflächennahen Schichten auf rund 500 °C. Durch die sehr dichte Atmosphäre herrscht an der Oberfläche des Planeten ein gewaltiger Druck. Er ist etwa 90-mal so groß wie der Luftdruck an der Erdoberfläche. In der Gashülle sind Wolken vorhanden, die hohe Anteile an Schwefeldioxid enthalten. In Verbindung mit dem ebenfalls vorhandenen Wasser bildet sich Schwefelsäure. Regen auf der Venus setzt somit aus 70%iger Schwefelsäure zusammen.

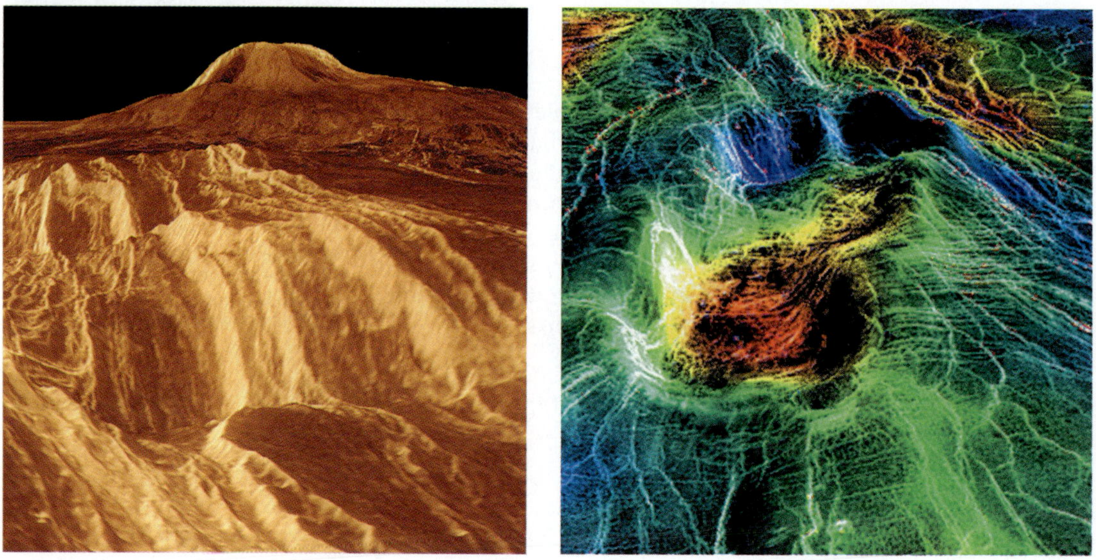

Künstliche Himmelskörper im Sonnensystem

Seit dem Start des ersten künstlichen Satelliten, des sowjetischen Sputnik 1 am 4. Oktober 1957, sind zahlreiche weitere Satelliten von der Erde aus in den Weltraum gebracht worden. Eine ganze Reihe dieser künstlichen Himmelskörper diente der Erforschung der Planeten und Monde unseres Sonnensystems.
In der folgenden Übersicht sind einige wichtige Forschungsmissionen von Sonden zu Planeten unseres Sonnensystems zusammengestellt.

1 Mit Hilfe der Sonde Magellan erfolgte 1989/90 eine Radarabtastung der Oberfläche des Planeten Venus.

Planet	Mission	Startjahr/ Ankunftsjahr	Ziele und Ergebnisse
Merkur	Mariner 10	1973/1974	10 000 Aufnahmen, 57 % der Oberfläche fotografisch abgedeckt
Venus	Venera 9	1975/1975	erstmalig Aufnahmen von der Oberfläche,
	Venera 13	1981/1982	einmalige farbige Panorama-Aufnahmen von der Oberfläche, Untersuchung von Bodenproben
	Magellan	1989/1990	Radarabtastung der Oberfläche
Mars	Mariner 9	1971/1971	erster künstlicher Satellit des Planeten, 6 876 Aufnahmen der Oberfläche
	Viking 1	1973/1976	55 000 Aufnahmen von der gesamten Oberfläche,
	Viking 2	1975/1976	Untersuchung von Bodenproben und der Atmosphäre
	Pathfinder	1996/1997	selbstfahrender Rover, Detailaufnahmen der Oberfläche
Jupiter	Pioneer 10, 11	1972/1974	Vorbeiflug, zahlreiche Aufnahmen
	Voyager 1, 2	1977/1979	Vorbeiflug, zahlreiche Farbaufnahmen vom Jupiter und seinen Monden
	Galileo	1989/1995	künstlicher Satellit des Planeten, zahlreiche hochauflösende Farbaufnahmen vom Jupiter und seinen Monden, Untersuchung der Atmosphäre
Saturn	Pioneer 11	1973/1979	Vorbeiflug, einige Farbaufnahmen
	Voyager 1, 2	1977/1980, 1981	Vorbeiflug, zahlreiche Farbaufnahmen des Saturns, des Ringsystems und der Monde
	Cassini	1997/2003	geplant: Erkundung des Saturnsystems, Absetzen einer Landekapsel auf dem Mond Titan
Uranus	Voyager 2	1977/1986	Vorbeiflug, zahlreiche Farbaufnahmen vom Uranus und seinen Monden
Neptun	Voyager 2	1977/1989	Vorbeiflug, zahlreiche Farbaufnahmen vom Neptun und seinen Monden

1 Mit dem bloßen Auge erkennt man die rötliche Farbe des Planeten, die dadurch entsteht, dass das Oberflächenmaterial einen hohen Anteil an Eisenoxid hat. Schon mit kleinen Fernrohren fallen die kreisähnlichen hellen Flecken in der Nähe der Pole auf. Die Größe dieser mit Eis und Schnee bedeckten Polkappen hängt von der jeweiligen Jahreszeit ab.

Mars

Mars, der rote Planet, ist der direkten Fernrohrbeobachtung zugänglich. Dies liegt zum einen an den wesentlich günstigeren Sichtbedingungen dieses Planeten, da er uns fast immer die voll beleuchtete Seite zeigt, und zum anderen an seiner sehr dünnen Atmosphäre. Nur seine scheinbare Größe im Fernrohr schwankt durch die unterschiedlichen Positionen zur Erde. Die Astronomen müssen jeweils etwa 15 Jahre warten, um den Mars besonders günstig beobachten zu können. Die nächste Gelegenheit dazu bietet sich im Jahr 2003.

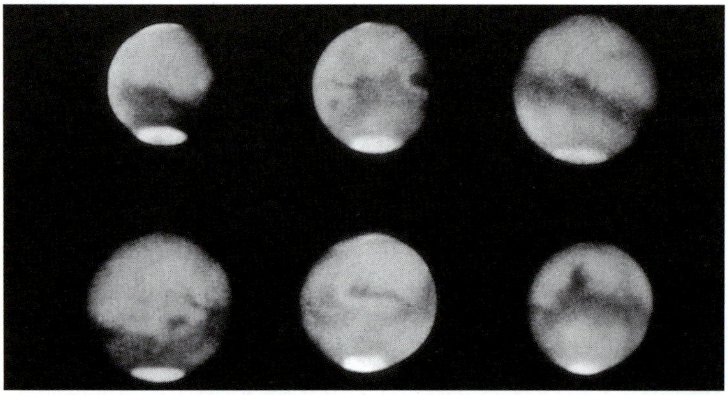

Äquatorradius r	Masse m	mittlere Dichte ρ	mittlere Entfernung a von der Sonne	Umlaufzeit T um die Sonne
3400 km ($0{,}53 \cdot r_E$)	$6{,}4 \cdot 10^{23}$ kg ($0{,}11 \cdot m_E$)	3,93 g/cm^3 ($0{,}71 \cdot \rho_E$)	227,9 Mio. km ($1{,}52 \cdot a_E$)	1,88 Jahre ($1{,}88 \cdot T_E$)

2 Zu den Superlativen der Marsoberfläche gehört das Canyonsystem Valles Marineris. Dieses System hat eine Ausdehnung von etwa 5000 km bei einer Tiefe von bis zu 6 km. Kleine Strukturen innerhalb des Canyons zeigen, dass ein zeitweises Aufschmelzen eines vorhandenen Frostbodens Einbrüche und Fließerscheinungen erzeugte. So kann man Spuren ehemals fließenden Wassers und kleine flussähnliche Gebilde erkennen.

1 Da der Mars nur eine sehr dünne Atmosphäre besitzt, kommt es an der Oberfläche zu hohen Temperaturdifferenzen. Die Spanne reicht von etwa −140 °C während des Polarwinters bis etwa 20 °C im Äquatorsommer. Die Nachttemperaturen am Äquator können aber auch −40 °C betragen. Durch diese Differenzen entstehen Sand- und Staubstürme, die dann die Sicht auf die Oberfläche stark beeinträchtigen.

2 Der Schildvulkan Olympus Mons ist mit 30 km Höhe der gewaltigste Berg im Sonnensystem. Er hat aber mit seinem Durchmesser von etwa 600 km einen solchen flachen Anstieg, dass ein Beobachter am Rand große Mühe hätte, den Gipfel zu erkennen. Sein Alter wird auf 250 Millionen Jahre geschätzt.

Jupiter

Die riesige Gaskugel ist der gewaltigste Planet des Sonnensystems. Er ist größer und schwerer als alle anderen Planeten zusammen. Seine ausgedehnte Atmosphäre ist in ständiger Bewegung und wird angetrieben von der schnellen Rotation, der Strahlung der Sonne und der Wärme aus dem Innern des Planeten.

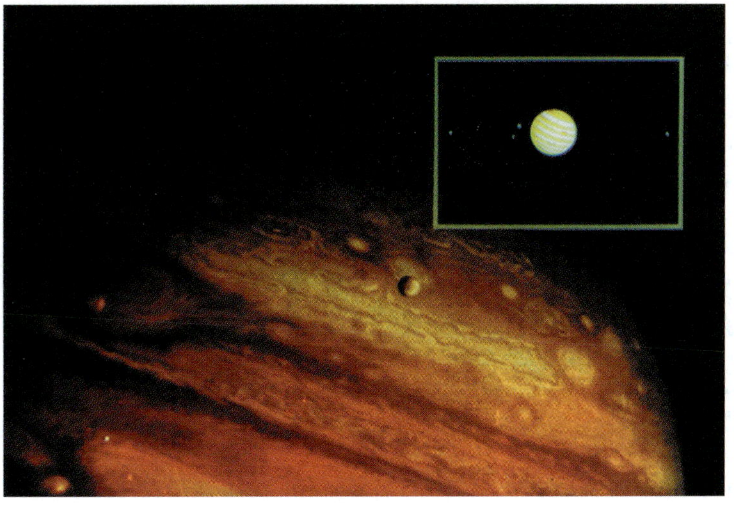

3 Jupiter mit seinen 4 galileischen Monden Io, Europa, Ganymed und Kallisto in einem kleinen Fernrohr von der Erde betrachtet. Im Vergleich dazu: Eine Raumsondenaufnahme.

Äquatorradius r	Masse m	mittlere Dichte ρ	mittlere Entfernung a von der Sonne	Umlaufzeit T um die Sonne
71 400 km ($11{,}2 \cdot r_E$)	$1{,}9 \cdot 10^{27}$ kg ($318 \cdot m_E$)	1,33 g/cm³ ($0{,}24 \cdot \rho_E$)	778,3 Mio. km ($5{,}2 \cdot a_E$)	11,86 Jahre ($11{,}86 \cdot T_E$)

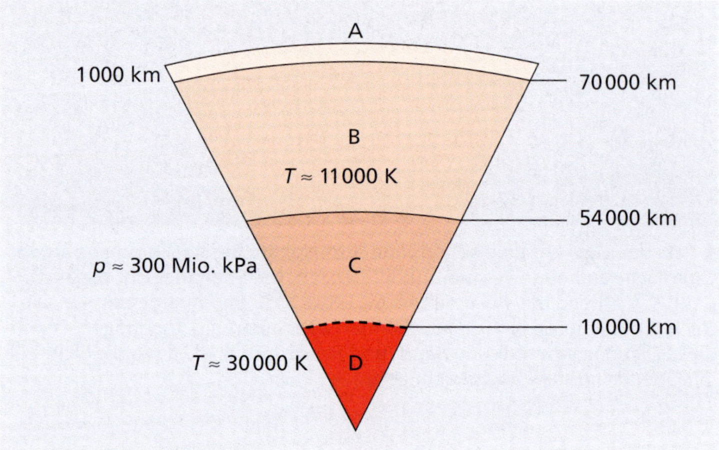

1 Der Aufbau Jupiters unterscheidet sich grundsätzlich von dem der erdähnlichen Planeten. Seine relativ geringe Dichte ist ein Hinweis auf den im wesentlichen gasförmigen und flüssigen Jupiterkörper. Die hohen Drücke und Temperaturen bewirken, dass im kernnahen Bereich Wasserstoff und Helium in eine metallische Phase übergehen.
A Atmosphäre
B Bereich des flüssigen Wasserstoffs
C Bereich des metallischen Wasserstoffs und Heliums
D fester Kern aus Eisen und Gesteinen

Die Jupiteratmosphäre besteht hauptsächlich aus Wasserstoff und Helium mit kleinen Anteilen von Methan und Ammoniak. Die beobachtbaren Färbungen der dichten Wolkenmassen in der äußeren Schicht stammen von organischen Molekülen. Durch großräumige Gasbewegungen entstehen die hellen und dunklen Streifen.

2 Trotz der ständigen Veränderungen der Wolkenschichten fällt auf der Südhalbkugel des Jupiters ein ovales, rötlich-braunes Gebilde auf, welches seit der Erfindung des Fernrohrs beobachtet wird. Aufgrund seiner Färbung trägt es die Bezeichnung „Große Roter Fleck".
Sein Längsdurchmesser beträgt ca. 40 000 km, also mehr als das Dreifache des Erddurchmessers.
Als Querdurchmesser werden etwa 20 000 km angegeben. Die Ursache für die Stabilität dieses Objektes liegt darin, dass die begrenzenden Zonen sich gegeneinander bewegen und die dadurch eingeschlossenen Gasmassen wie in einem riesigen Wirbelsturm in Rotation versetzt werden.

Saturn

Saturn ist der zweitgrößte Planet des Sonnensystems. Er zeichnet sich durch ein gewaltiges Ringsystem aus. Wie Jupiter besitzt Saturn eine dichte und ausgedehnte Atmosphäre mit einer Vielzahl von Wolkenbändern. Die Hauptbestandteile dieser Gashülle sind Wasserstoff und Helium mit geringen Beimischungen von Ammoniak, Methan und anderen Verbindungen.
Der innere Aufbau des Saturns ist dem des Jupiters sehr ähnlich. Da aber die mittlere Dichte des Saturns geringer als die des Riesenplaneten Jupiter ist, muss seine gasförmige Atmosphäre sehr viel tiefer ins Planeteninnere reichen. Daran schließt sich bis etwa zur Hälfte des Radius eine Region mit flüssigem Wasserstoff an. Ihr folgt eine Zone aus metallischem Wasserstoff. Der Kern des Ringplaneten setzt sich aus Gesteinen und Metallen zusammen. Wie Jupiter strahlt auch Saturn mehr Wärme ab, als er von der Sonne empfängt.

1 Der Saturn ist eine riesige Gaskugel.

Äquatorradius r	Masse m	mittlere Dichte ρ	mittlere Entfernung a von der Sonne	Umlaufzeit T um die Sonne
60 400 km ($9{,}5 \cdot r_E$)	$5{,}69 \cdot 10^{26}$ kg ($95 \cdot m_E$)	$0{,}69$ g/cm^3 ($0{,}13 \cdot \rho_E$)	1 427 Mio. km ($9{,}5 \cdot a_E$)	29,46 Jahre ($29{,}46 \cdot T_E$)

Die mittlere Bahngeschwindigkeit des Saturns beträgt 9,6 km/s.

2 Zeichnung des Saturns von 1888

3 Das Ringsystem des Saturns besteht aus 7 Ringgruppen, die sich in mehr als 1 000 Einzelringe untergliedern.

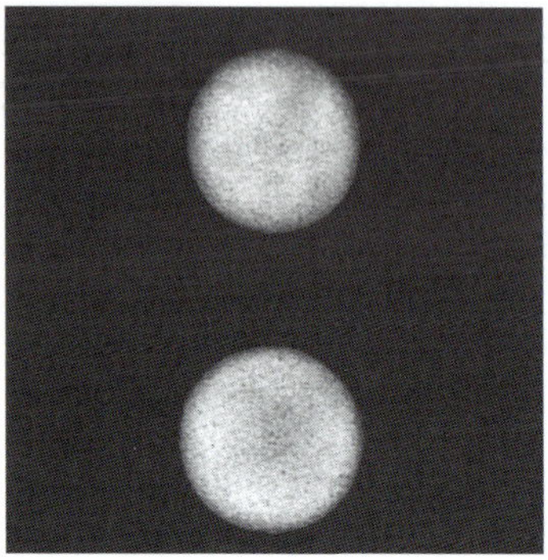

1 Zwei von der Erde aufgenommene Ansichten des Uranus

Uranus

Uranus ist mit bloßem Auge nicht sichtbar. Er ist ein teleskopischer Planet.
Auch in den leistungsstärksten Fernrohren ist er nur als ein kleines grünblaues Scheibchen, das an den Rändern hin leicht abgedunkelt ist, zu sehen. Das Besondere an ihm ist seine eigenartige Bewegung. Durch die große Neigung der Rotationsachse gegenüber der Bahnebene scheint Uranus auf seiner Bahn zu „rollen". Wir schauen je nach Stellung des Planeten zur Erde auf den Nord- bzw. Südpol des Planeten.
Uranus besitzt im Gegensatz zu Jupiter und Saturn keine innere Wärmequelle. Über seinem festen Gesteinskern liegt ein Mantel aus Eis, vergleichbar einem überdimensionalen gefrorenen Ozean. Darüber wölbt sich die dichte Atmosphäre, die dem Planeten erst die imposante Größe verleiht.

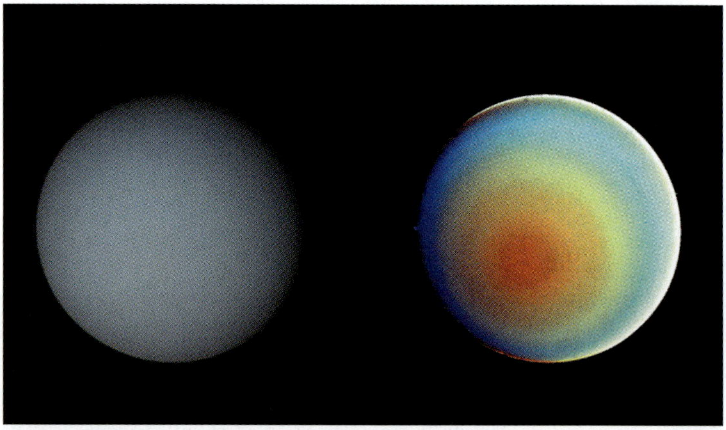

2 Die Uranusatmosphäre besteht aus über 80 % Wasserstoff und 10 % bis 15 % Helium. Damit ist dieser Planet noch sonnenähnlicher als Jupiter und Saturn. Anders als bei diesen enthalten aber die oberen Schichten des Uranus einen merklichen Anteil an Methan, welches für die blau-grünliche Färbung verantwortlich ist.

Äquatorradius r	Masse m	mittlere Dichte ρ	mittlere Entfernung a von der Sonne	Umlaufzeit T um die Sonne
25 600 km ($4{,}0 \cdot r_E$)	$8{,}7 \cdot 10^{25}$ kg ($14{,}6 \cdot m_E$)	1,24 g/cm^3 ($0{,}22 \cdot \rho_E$)	2 870 Mio. km ($19{,}2 \cdot a_E$)	84,02 Jahre ($84{,}02 \cdot T_E$)

Neptun

Von dem äußersten Riesenplaneten Neptun sind mit irdischen Teleskopen keinerlei Oberflächendetails zu erkennen. Nur durch Aufnahmen der Raumsonde Voyager wissen wir, dass in der Wolkenhülle ebenfalls Flecke vorhanden sind.

Äquatorradius r	Masse m	mittlere Dichte ρ	mittlere Entfernung a von der Sonne	Umlaufzeit T um die Sonne
24800 km ($3{,}9 \cdot r_E$)	$1{,}03 \cdot 10^{26}$ kg ($17{,}3 \cdot m_E$)	$1{,}65\ g/cm^3$ ($0{,}3 \cdot \rho_E$)	4496 Mio. km ($30 \cdot a_E$)	164,79 Jahre ($164{,}79 \cdot T_E$)

1 Beim „Großen Blauen Fleck" handelt es sich ähnlich wie beim „Große Roten Fleck" des Jupiters um einen großen atmosphärischen Wirbel.

Die beiden zu erkennenden Wolkenschichten bestehen zum einen aus Ammoniak- und zum anderen aus Methaneiskristallen. Der innere Aufbau des Neptuns ähnelt weitgehend dem des Uranus. Um den festen Kern, der aus Gestein und geringen Anteilen an Metall besteht, schließt sich ein gewaltiger Mantel aus Wasser-, Methan- und Ammoniakeis an.

Pluto

Der sonnenfernste Planet, Pluto, ist der einzige Planet, der noch nicht von Raumsonden besucht wurde. Hier sind die Planetenforscher auf die Vervollkommnung der irdischen Beobachtungstechniken, zu denen auch Teleskope in der Erdumlaufbahn gehören, angewiesen.
Deshalb sind gegenwärtig alle Angaben und Daten zu Pluto mit größeren Unsicherheiten behaftet als bei den anderen Planeten.
Die Helligkeitsschwankungen dieses Planeten geben einen Hinweis auf unterschiedliche Oberflächenformationen. Im Gegensatz zu den gasförmigen Riesenplaneten besitzt Pluto eine feste Ober-

Äquatorradius r	Masse m	mittlere Dichte ρ	mittlere Entfernung a von der Sonne	Umlaufzeit T um die Sonne
1 150 km ($0{,}8 \cdot r_E$)	$1{,}3 \cdot 10^{22}$ kg ($0{,}002 \cdot m_E$)	2,0 g/cm³ ($0{,}36 \cdot \rho_E$)	5 900 Mio. km ($39{,}5 \cdot a_E$)	247,70 Jahre ($247{,}70 \cdot T_E$)

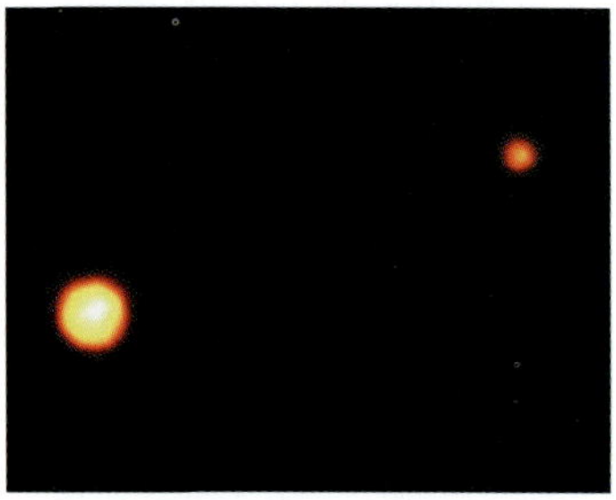

1 Pluto und sein Mond Charon im Hubble-Weltraumteleskop, das sich in einer Erdumlaufbahn befindet.

fläche, die vermutlich mit einem Gemisch aus Wasser-, Methan- und Ammoniakeis bedeckt ist. Umgeben wird er von einer dünnen Atmosphäre aus Methan, Stickstoff und schwereren Gasen wie Argon.

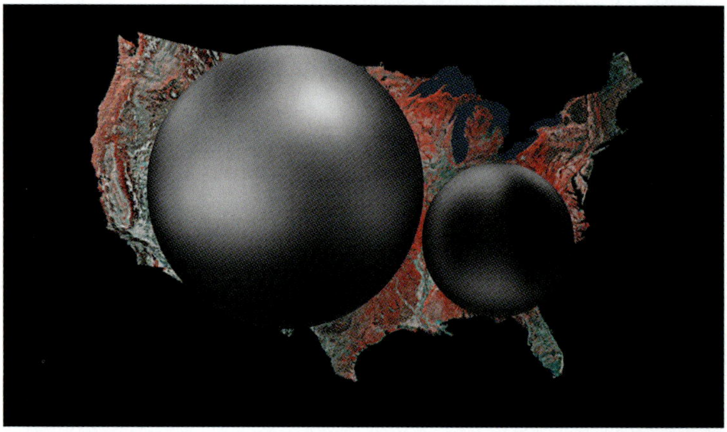

2 Pluto und sein Mond Charon im Größenvergleich mit den USA

Monde und Ringsysteme von Planeten

3 Kallisto ist der dunkelste der Jupitermonde. Seine Oberfläche besteht aus „schmutzigem" Eis. Dieser Mond ist der Himmelskörper mit den meisten Kratern im Sonnensystem.

Monde und Ringsysteme sind allgemeine Erscheinungsformen in unserem Planetensystem, über die heute noch ständig durch irdische und Raumfahrttechnik neue Erkenntnisse gewonnen werden. Bis auf die inneren Planeten Merkur und Venus verfügen alle Planeten über einen oder mehrere Monde mit sehr unterschiedlichen Größen, Formen und Eigenschaften (↗ Bilder S. 103). Bisher sind 67 Monde bekannt (↗ S. 61).
Die Voyager-Sonden brachten die Erkenntnis, dass die jupiterähnlichen Planeten allesamt Ringsysteme besitzen. Diese Strukturen liegen in der Äquatorebene der Planeten (↗ Bild 5, S. 103).

> Monde sind natürliche Begleiter der Planeten und Planetoiden. Nur die größeren unter ihnen haben ein kugelförmiges Aussehen.
> Jupiter, Saturn, Uranus und Neptun besitzen Ringsysteme.

1 Der Jupitermond Io ist etwas größer als der Erdmond und hat von den vier von Galilei entdeckten Monden den geringsten Abstand zum Jupiter. Er besitzt eine hellorange Oberfläche, bedeckt mit Schwefel und Vulkanen, die heute noch aktiv sind.

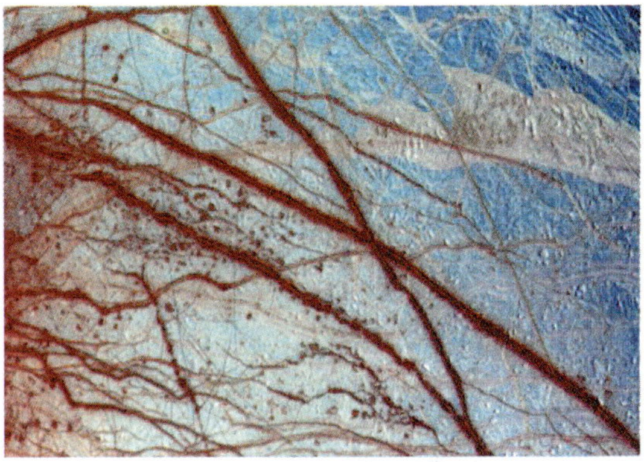

2 Der Jupitermond Europa ist ein weißlicher Körper, der weder Vulkane noch Krater an der Oberfläche zeigt. Seine äußeren Merkmale sind helle und dunkle lange Streifen sowie dunkle und meist unregelmäßig geformte Flecken in einer Eiskruste, die kein Relief aufweist.

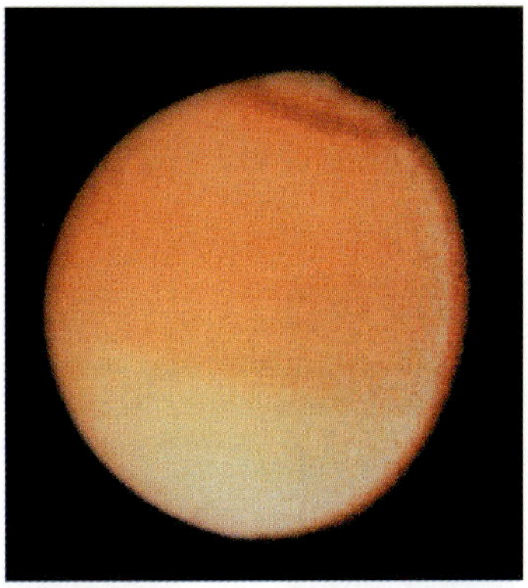

3 Ganymed, der Riese unter den Jupitermonden, ist gleichzeitig der größte Mond im Sonnensystem. Auf seiner Oberfläche, die im wesentlichen aus Eis besteht, fallen besonders die großen dunklen Flächen auf. Die helleren Regionen werden von rillenähnlichen Strukturen durchzogen.

4 Titan, der größte Mond des Saturns, ist der einzige Planetenbegleiter in unserem Sonnensystem mit einer dichten Atmosphäre. Sie besteht vor allem aus Stickstoff.

5 Das größte Ringsystem finden wir bei Saturn. Es hat eine Ausdehnung von 300 000 km und eine Dicke von 10 km. Im Wesentlichen bestehen die Ringe aus kleinen Gesteins- und Eiskörpern. Größere Bestandteile mit einem Durchmesser bis zu 2 m bilden eine Ausnahme. Das gesamte System besteht aus Tausenden von schmalen Ringen.

Aufgaben

1. Planeten kann man nach unterschiedlichen Gesichtspunkten in Gruppen einteilen. Erläutere mögliche Einteilungen!

2. Künstliche Raumflugkörper können nur auf Planeten mit einer festen Oberfläche landen.
   a) Stelle zusammen, auf welchen Planeten eine Landung künstlicher Raumflugkörper möglich wäre!
   b) Erkunde, auf welchen Planeten bereits von der Erde aus gestartete Raumflugkörper gelandet sind und welche Missionen geplant sind!

3. Erkläre das Phänomen, dass im Kernbereich der großen Planeten Jupiter und Saturn metallischer Wasserstoff auftritt!

4. Auf dem Mars müssen in der Frühzeit des Planetensystems gewaltige Wasserläufe vorhanden gewesen sein (s. Bild).

   Erläutere, wie man zu einer solchen Erkenntnis kommen konnte!

5. a) Bei manchen Planeten, auch bei der Erde, tritt ein natürlicher Treibhauseffekt auf. Erläutere, was man darunter versteht!
   b) Könnte es auf der Erde zu einem ähnlichen Treibhauseffekt kommen wie auf der Venusoberfläche? Welche Konsequenzen hätte das?

6. Der Uranus-Mond Miranda weist sehr bizarre Oberflächenformen auf.

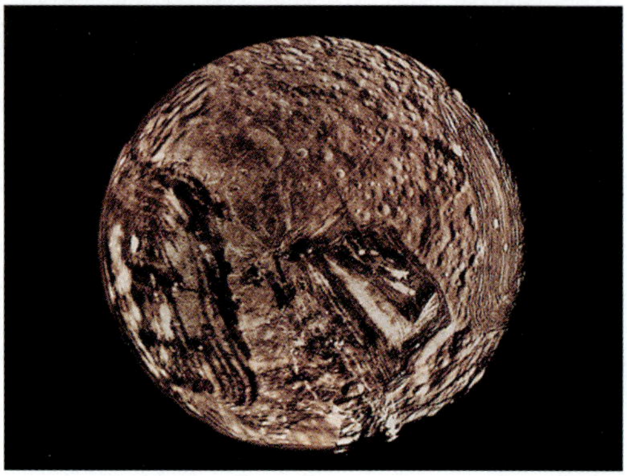

   Stelle Vermutungen darüber auf, wie diese Oberflächenformen entstanden sein könnten!

7. Nenne die beiden größten Monde im Sonnensystem!

8. Welcher Mond besitzt als einziger Planetenbegleiter eine dichte Atmosphäre?

9. Auf einem Mond unseres Sonnensystems wurden durch Raumflugkörper gewaltige Vulkanausbrüche entdeckt.

   Um welchen Mond handelt es sich?

10. Beschreibe anhand der Bilder auf den Seiten 99 und 103 das Ringsystem des Saturns!

Das Wichtigste im Überblick

Die Planeten werden nach ihrem inneren Aufbau in erd- und jupiterähnliche Planeten eingeteilt. Erdähnliche Planeten sind **Merkur**, **Venus**, **Erde** und **Mars**, zu den jupiterähnlichen Planeten gehören **Jupiter**, **Saturn**, **Uranus** und **Neptun**. **Pluto** besitzt Eigenschaften beider Gruppen.

Eigenschaft	Erdähnliche Planeten	Jupiterähnliche Planeten
Aufbau	Erde 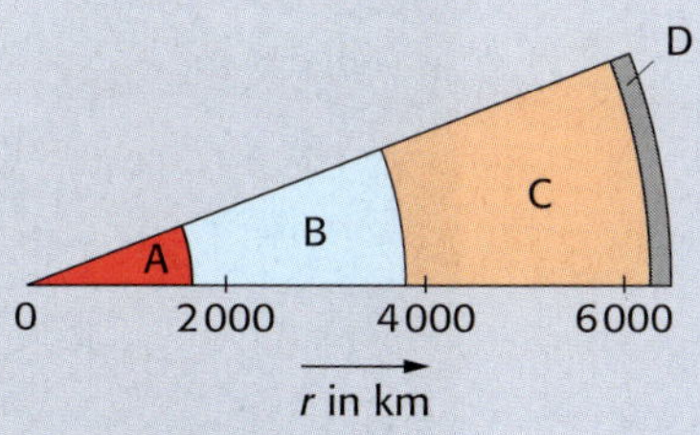 A … fester Kern B … flüssiger Kern C … plastischer Mantel D … feste Kruste	Jupiter 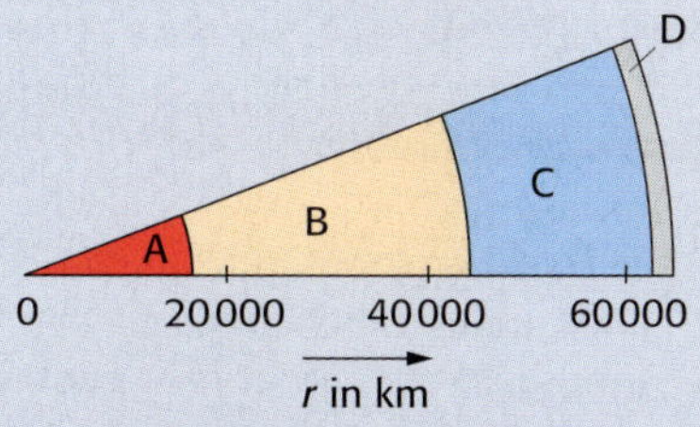 A … fester Kern B … metallischer Wasserstoff C … flüssiger Wasserstoff D … Atmosphäre
Radius	2 440 km … 6 378 km	24 800 km … 71 400 km
Masse	$0{,}34 \cdot 10^{24}$ kg … $5{,}97 \cdot 10^{24}$ kg	$87 \cdot 10^{24}$ kg … $1\,900 \cdot 10^{24}$ kg
Dichte	$3{,}93\ g \cdot cm^{-3}$ … $5{,}52\ g \cdot cm^{-3}$	$0{,}69\ g \cdot cm^{-3}$ … $1{,}65\ g \cdot cm^{-3}$
Oberfläche	fest	gasförmig
stofflicher Aufbau	Eisen, schwere Oxide, Silikate	Wasserstoff, Helium
Monde und Ringsysteme	maximal 2 Monde, kein Ringsystem	bis 18 Monde, Ringsysteme vorhanden

Die 67 gegenwärtig bekannten **Monde** im Sonnensystem haben
- unterschiedliche Formen,
- vielfältige Oberflächenformen,
- eine unterschiedliche Zusammensetzung,
- nur im Ausnahmefall eine Atmosphäre.

Die **Ringsysteme** bestehen aus einer Vielzahl von kleinen Gesteins- und Eiskörpern.

2.5 Weitere Objekte im Sonnensystem

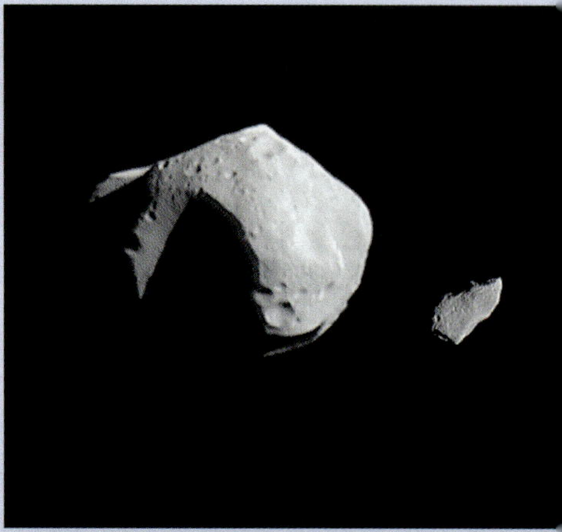

Neben den neun großen Planeten gibt es in unserem Sonnensystem auch eine Vielzahl von kleinen Planeten, die man als Planetoiden bezeichnet. Die Abbildung zeigt die beiden Planetoiden Mathilde und Gaspra im gleichen Maßstab. Ihre genaue Erforschung war erst mit Hilfe von Raumsonden möglich.

Wie viele Planetoiden gibt es in unserem Sonnensystem? Wie unterscheiden sie sich von den Planeten? Auf was für Bahnen bewegen sich Planetoiden?

Wie ihre Nachbarplaneten ist auch die Erde einem regellosen, aber unaufhörlichen Hagel von kosmischen Kleinkörpern ausgesetzt, die ihren geologischen und biologischen Werdegang in der Vergangenheit grundlegend beeinflusst hat. 1995 konnte man auf einem anderen Planeten ein seltenes Schauspiel beobachten: Der Komet Shoemaker-Levy stürzte auf den Jupiter und löste dort eine Serie gewaltiger Explosionen aus.

Leben auch wir mit der Bedrohung einer solchen kosmischen Katastrophe?
Welche Auswirkungen könnte es haben, wenn die Erde mit einem anderen Himmelskörper zusammenstößt?
Wo befinden sich der größte Meteoritenkrater und der gewaltigste Meteorit auf der Erde?

Besonders eindrucksvolle Erscheinungen am Himmel sind Kometen, z. B. der Komet Hale-Bopp, der 1995 von den beiden amerikanischen Amateurastronomen Alan Hale und Thomas Bopp entdeckt wurde und den man 1997 zeitweise mit bloßem Auge beobachten konnte. Auch die Erscheinung von Sternschnuppenfällen ruft bei uns eine besondere Faszination hervor.

Warum sind Kometen nur dann eindrucksvoll zu sehen, wenn sie sich in Sonnennähe befinden? Was sind Sternschnuppen? Wann kann man besonders viele beobachten?

Planetoiden

Zwischen der Mars- und Jupiterbahn bewegt sich die größte Anzahl der **Planetoiden**, die auch als **kleine Planeten** oder **Asteroiden** bezeichnet werden. Diese Himmelskörper bestehen aus Materie, die sich zur Zeit der Planetenbildung nicht zu einem großen Körper verbinden konnte. Für rund 5000 Objekte wurden bisher Bahnen berechnet. Ihre Gesamtzahl kann nur abgeschätzt werden. Es sind wahrscheinlich mehr als eine Million mit einem Durchmesser größer als ein Kilometer, von denen die meisten keine kugelförmige Geometrie haben.

1 Größenvergleich der größten Planetoiden mit dem Erdmond

Planetoiden sind kleine, häufig unregelmäßig geformte Körper, deren Durchmesser meistens kleiner als 60 Kilometer ist.

Es gibt Planetoiden, die sich nicht in dem oben genannten Raumgebiet aufhalten. Einige von ihnen haben stark exzentrische Bahnen und kreuzen die Merkur-, Mars- und auch die Erdbahn. So ist es nicht verwunderlich, dass das Bekanntwerden solcher „Erdbahnkreuzer“ in den Medien immer wieder zu aufsehenerregenden Meldungen führt. Natürlich ist ein Zusammenstoß zwischen einem Planetoiden und der Erde nicht ausgeschlossen, aber die Wahrscheinlichkeit ist doch sehr gering.

Kometen

Schon seit alters her gehören die Kometen zu den mit Ehrfurcht beobachteten Himmelskörpern. Durch ihr spektakuläres und unvorhersehbares Erscheinen führten sie oft zu Furcht und Schrecken unter den Menschen. Die Bahnen der Kometen sind meistens langgestreckte Ellipsen. In der nachfolgenden Tabelle sind einige mehrmalig sichtbare periodische Kometen dargestellt.

Name des Kometen	siderische Umlaufzeit in Jahren	kleinster Abstand von der Sonne in AE	größter Abstand von der Sonne in AE
Encke	3,3	0,34	4,09
Tempel 1	5,5	1,50	4,73
Whipple	7,5	2,48	5,16
Olbers	69,5	1,18	32,62
Halley	76,1	0,59	35,3

2 Der Planetoid „243-Ida“ mit seinem Mond, fotografiert von der Raumsonde Galileo. Sein Längsdurchmesser beträgt 52 km.

1 Der bekannteste der periodischen Kometen ist der Halleysche Komet, dessen Umlaufzeit etwa 76 Jahre beträgt. Die meisten Kometen werden nach ihrem Entdecker benannt, doch für Halley trifft dies nicht zu. Er wurde bereits viele Jahrhunderte beobachtet und später nach dem englischen Astronomen EDMOND HALLEY (1656–1743), der seine Bahn ersmals berechnete, benannt. Während seiner letzten Sichtbarkeit 1986 wurde der Kernbereich dieses Kometen von der Raumsonde GIOTTO fotografiert und daraus eine Modellzeichnung gefertigt.

Ein Komet besteht aus einem festen Kern mit einem Durchmesser von einigen 10 Kilometern. Dieser Bereich besteht aus Gesteinstrümmern, die durchsetzt sind mit gefrorenem Wasser, Ammoniak und Methan. Deshalb bezeichnet man Kometen manchmal auch als „schmutzige Schneebälle". Ihre ursprüngliche Heimat liegt in dem fernen Bereich des Sonnensystems, weit außerhalb der Plutobahn. Bei der Annäherung eines Kometen an die Sonne auf etwa 10 AE bis 5 AE ist er im reflektierten Sonnenlicht zu sehen. Die Wärme der Sonne bewirkt das Auftauen und Verdampfen der gefrorenen Gase, und es entsteht eine neblige Wolke um den Kern, die **Kernatmosphäre (Koma)**. Der Komadurchmesser hängt vom Abstand von der Sonne ab und kann bis zu 100 Erddurchmesser groß sein. Das Sonnenlicht wird am Staub der Koma reflektiert oder regt das Gas zum Leuchten an. Kommt der Komet der Sonne auf mindestens 2 AE nahe, dann bildet sich durch Strahlungsdruck der Sonne und Sonnenwind ein auffallend heller **Gasschweif** und ein schwach gekrümmter **Staubschweif** aus. Er ist immer von der Sonne weg gerichtet und kann bis auf eine Länge von 2 AE anwachsen (Bild 2).

> Kometen sind kleine Eiskörper mit Gesteinsbeimengungen, die in Sonnennähe Gas- und Staubteilchen freisetzen, aus denen sich unter dem Einfluss des Sonnenwindes ein gewaltiger Schweif entwickeln kann.

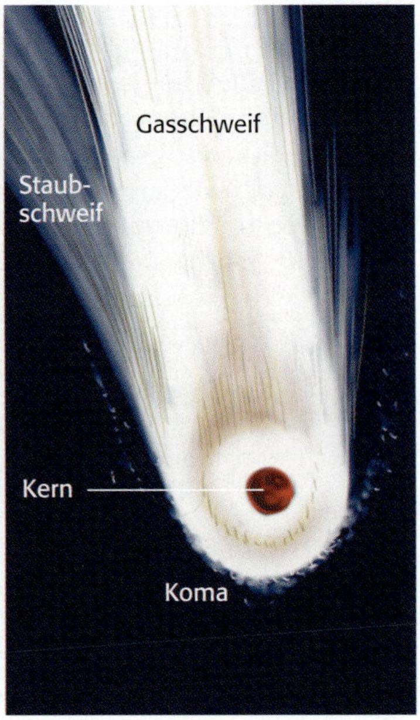

2 Ein Komet und sein Aufbau

Meteore

Jedem Naturfreund sind die in klaren Nächten zuweilen auftretenden Sternschnuppen bekannt. Es sind winzige, meistens nur stecknadelkopfgroße Körper, die in die Erdatmosphäre eindringen und dabei verglühen. Die von ihnen hervorgerufenen Leuchterscheinungen werden als **Meteore** bezeichnet. Die meisten Meteore gehören bestimmten Strömen an. Diese werden nach Sternbildern benannt, da das Gebiet am Himmel, aus dem sie zu kommen scheinen, in diesem Sternbild liegt.
Bekannte Meteorströme sind nachfolgend genannt.

1 Ein Meteor ist ein in der Atmosphäre aufglühender Himmelskörper.

Name	Beobachtungszeitraum	Maximum	Anzahl der Meteore je Stunde
Quadrantiden	1.1.–6.1.	3.1.	110
Delta-Aquariden	15.7.–15.8.	28.7.	35
Perseiden	25.7.–18.8.	12.8.	70
Leoniden	15.11.–19.11.	17.11.	variabel
Geminiden	7.12.–15.12.	14.12.	58

2 Am bekanntesten sind die in den Nächten um den 10. August zu beobachtenden Perseiden und die Mitte November auftretenden Leoniden. Die bisher eindrucksvollsten Sternschnuppenfälle stammten von den Leoniden. Am 17. November 1966 konnte über 40 Minuten lang ein „Feuerwerk" mit 6 000 Meteoren pro Stunde beobachtet werden.

1 Die Untersuchung von Meteoriten liefert wichtige Informationen über die Zusammensetzung von Himmelskörpern.

Meteorite

Meteorite sind Körper des Sonnensystems, die in der Erdatmosphäre eindringen, einen Meteor hervorrufen und mit Reststücken auf die Erdoberfläche fallen können. Von der Zusammensetzung her unterscheidet man grob zwischen **Eisenmeteoriten** und **Steinmeteoriten**. Die ersten bestehen zu fast 90 % aus Eisen und enthalten Nickel (9 %), Kobalt (0,6 %) sowie Spuren von Phosphor, Kohlenstoff, Schwefel und Kupfer. Steinmeteoriten setzen sich hauptsächlich aus Silikatgesteinen zusammen.

> Meteorite sind Himmelskörper aus Metall oder Gestein. Treten sie in die Atmosphäre der Erde ein, leuchten sie als Meteor auf.

Die Fundorte großer Meteoriten (alle über 10 t schweren Meteorite sind Eisenmeteorite) sind nachfolgend angegeben.

Meteorit	Masse in *t*
Hoba West, Grootfontein (Namibia)	60
Ahnighito, Cape York (Grönland)	30,4
Bacuberito (Mexiko)	27
Mbosi (Tanganjika)	26
Agpalik, Cape York (Grönland)	20,1
Armanty (Mongolei)	20

2 Der größte bekannte Meteorit liegt noch immer dort, wo er in prähistorischer Zeit niedergegangen ist: bei Hoba West, nahe Grootfontein (Namibia). Er wiegt mindestens 60 t und ist ein Eisenmeteorit.

1 Der eindrucksvollste Meteoritenkrater auf unserem Planeten ist in Arizona (USA) zu finden. Er weist einen Durchmesser von 1 265 m auf und ist 175 m tief. Dieser Krater entstand durch einen Meteoriten von 150 m Durchmesser und einer Masse von 2 bis 3 Milliarden Tonnen vor rund 50 000 Jahren.

Zusammenstöße auch mit größeren Himmelskörpern können zwar dem Erdkörper als Ganzes nicht ernstlich gefährden, haben jedoch gravierende lokale und eventuell globale Auswirkungen. Allein die beim Eintritt in die Atmosphäre und die insbesondere beim Aufprall verdampfende Materie wäre in der Lage, über den sich in der Atmosphäre verteilenden Staub die klimatischen Verhältnisse nachhaltig zu beeinflussen.

Die bedeutendsten Meteoritenkrater sind:

Name des Kraters	Durchmesser des größten Kraters in m	Jahr der Entdeckung
Arizona (USA)	1265	1891
Wolf Creek (Australien)	850	1947
Henbury (Australien)	200 x 110	1931
Boxhole (Australien)	175	1937
Odessa (Texas)	170	1921

2 Der größte nachgewiesene Meteoritenkrater ist die Chicxulub-Formation auf der Halbinsel Yucatan (Mexiko). Der an der Küste liegende Krater hat einen Durchmesser von mindestens 80 km. Er ist vor 65 Millionen Jahren entstanden und somit der langgesuchte Einschlagskrater jenes Körpers, der direkt oder indirekt für das große Artensterben zu dieser Zeit verantwortlich war.

Interplanetare Materie

Neben den beschriebenen Himmelskörpern existiert im Raum zwischen den Planeten Gas und Staub in extremer Verdünnung. Darüber hinaus gibt es elektromagnetische Felder und Strahlung unterschiedlicher Art. Alles das wird als **interplanetare Materie** bezeichnet.

Aufgaben

1. Nenne die beiden größten Planetoiden des Sonnensystems!

2. Beschreibe anhand der Informationen auf S. 107 die Oberfläche des Planetoiden Ida!

3. Erkläre das Entstehen und die Richtungsänderungen eines Kometenschweifs während des Umlaufs um die Sonne!

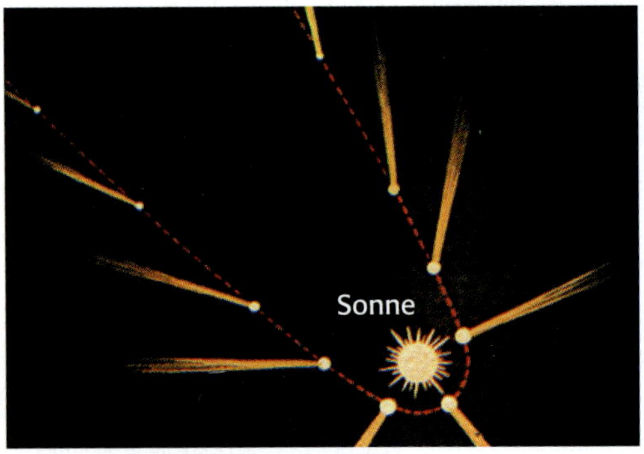

4. Beschreibe den Aufbau eines Kometen in Sonnennähe unter Verwendung der Begriffe Kern, Koma und Schweif!

5. Im August 1682 wurde ein besonders heller Komet beobachtet. Der Engländer E. HALLEY, ein vielseitiger Astronom und Zeitgenosse NEWTONS, bestimmte um 1705 dessen Bahndaten. Für die große Halbachse fand er den Wert $a = 17{,}95$ AE. Mit Hilfe des 3. keplerschen Gesetzes konnte er die Umlaufzeit dieses Kometen bestimmen, der ihm zu Ehren heute als Halleyscher Komet bezeichnet wird.
   a) Wie groß ist die Umlaufzeit des Halleyschen Kometen?
   b) 1986 war der Komet der Sonne besonders nah und damit gut beobachtbar. Wann wird das wieder der Fall sein?

6. Was versteht man unter
   a) einer Sternschnuppe,
   b) einem Meteoriten,
   c) einem Meteor?

Das Wichtigste im Überblick

Im Sonnensystem gibt es neben den großen Himmelskörpern (Sonne, Planeten, Monde) noch die Kleinkörper im interplanetaren Raum. **Planetoiden**, **Kometen** und **Meteorite** unterscheiden sich durch ihre Erscheinungsweise und ihre Bewegung im Planetensystem.

Planetoiden
sind häufig unregelmäßig geformte kleine Himmelskörper, die sich meist zwischen Mars- und Jupiterbahn bewegen.

Kometen
sind Eiskörper mit Gesteinsbeimengungen, bei denen sich in Sonnennähe ein gewaltiger Schweif ausbildet.

Meteorite
sind Himmelskörper aus Metall oder Gestein, die in die Erdatmosphäre eintreten können und dabei Leuchterscheinungen (Meteore) hervorrufen.

3

Sterne und Sternsysteme

Schaut man in einer klaren Nacht zum Himmel, so kann man einige Tausend Sterne sehen. Heute wissen wir, dass es viele Milliarden Sterne gibt. Wir wissen auch, dass Sterne entstehen, sich entwickeln und sich dabei verändern. Der uns nächste Stern ist die Sonne in einer Entfernung von 149,6 Millionen Kilometern von der Erde. Auch die Sonne unterliegt einer zeitlichen Veränderung. In etwa 6 Mrd. Jahren wird sie sich zu einem hellen Riesenstern ausdehnen. Sie, die bis dahin die Grundlage allen Lebens war, wird die Erde dann in eine glühende Wüste verwandeln.

Wie sind Sterne aufgebaut? Welche Arten von Sternen gibt es? Wie verteilen sich die Sterne im Weltraum? Woher stammt die Energie, die Sterne abgeben?

3.1 Die Sonne – unser Stern

Die Sonne ist der uns am nächsten stehende Fixstern im Weltall. Nur etwa 8 Minuten benötigt das Licht von der Sonne bis zur Erde, denn die mittlere Entfernung der Sonne von der Erde beträgt ungefähr 150 Millionen Kilometer. Schon der nächste Fixstern ist rund 250000-mal so weit entfernt. Einzig dieser geringen Entfernung der Sonne von der Erde ist es zuzuschreiben, dass die Sonne uns als der hellste Fixstern des Himmels erscheint und auch die Wärmestrahlung und Ultraviolettstrahlung die Erdoberfläche in so hoher Intensität erreichen.

Welche Strahlung geht insgesamt von der Sonne aus?

Woher stammt die Sonnenenergie?

Die Bedeutung der Sonne für das Leben auf der Erde, für das Wachstum von Tieren und Pflanzen und für das Wohlbefinden des Menschen wurde früh erkannt. Da man aber über die Natur der Sonne keinerlei Kenntnisse besaß, wurde sie als heiliges Feuer angesehen oder als Gottheit verehrt. Erst die Erkenntnisse der Astrophysik im 19. und 20. Jahrhundert führten zu wissenschaftlich begründeten Vorstellungen über die Sonne.

Wie ist die Sonne aufgebaut?

Welche Temperaturen herrschen auf und in der Sonne?

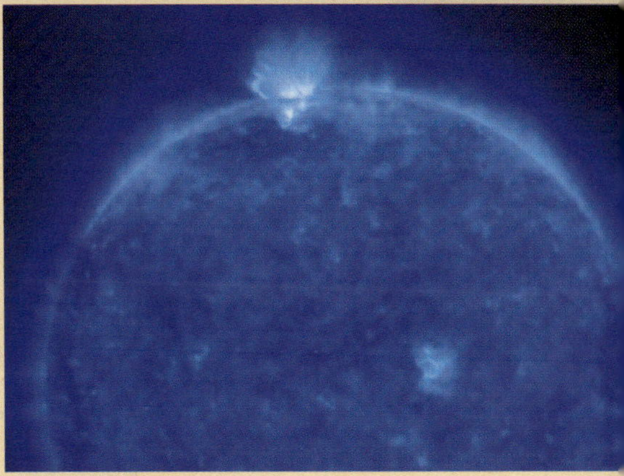

Genauere Untersuchungen der Sonne, auch im nicht sichtbaren Bereich der Strahlung, zeigen uns, dass die Sonne keine gleichmäßige Kugel ist. Auf ihrer Oberfläche kann man Flecken (Sonnenflecken) beobachten. Am Sonnenrand sind manchmal gewaltige Ausbrüche von Materie festzustellen.

Welche Erscheinungen der Sonnenaktivität gibt es? Wie kommen sie zustande? Haben sie auch Auswirkungen auf uns?

Aufbau der Sonne

Unsere heutigen Vorstellungen von der Beschaffenheit der Sonne gründen sich auf sorgfältigen Beobachtungen und theoretischen Überlegungen. Da wir nicht in das Innere der Sonne blicken können, muss insbesondere der innere Aufbau der Sonne aus Theorien abgeleitet werden. Doch diese Theorien sind wiederum durch Beobachtungen überprüfbar. Daher sind wir sicher, dass die von der Wissenschaft heute gegebene Beschreibung der Sonne im Großen und Ganzen zutreffend ist (Bild 1).

Die Sonne hat einen Durchmesser von rund 1400000 km. Tief im Inneren der Sonne herrscht in den zentrumsnahen Gebieten eine Temperatur von etwa 16 Millionen Kelvin. Wegen der großen Masse der Sonne von rund 333000 Erdmassen existiert in den **Zentralgebieten (Kern)** auch ein unvorstellbar hoher Druck. Etwa 35 Prozent der gesamten Sonnenmasse sind nämlich in einem Gebiet konzentriert, das nur 20 Prozent des Sonnendurchmessers umfasst. Der Druck liegt daher in diesen Gebieten bei $2 \cdot 10^{16}$ Pascal, die Dichte bei ca. $160\,g/cm^3$.

Dem Kern folgt ein ausgedehntes Gebiet, in dem die Energie hauptsächlich durch Strahlung nach außen transportiert wird. Diese **Strahlungszone** reicht bis etwa 90 Prozent des Sonnenradius und umfasst nahezu die gesamte Masse des Sonnenkörpers. Lediglich in einem kleinen randnahen Gebiet wird der Energietransport durch Strömungsvorgänge (Konvektion) bewirkt. Heiße Gasmassen bewegen sich nach oben und kühlere nach unten.

Diesem Gebiet schließt sich die **Sonnenatmosphäre** an, die wir wiederum in drei verschiedene Schichten unterteilen: Fotosphäre, Chromosphäre und Korona.

Die **Fotosphäre** ist die Schicht, die wir von der Sonne sehen. Sie umfasst nur etwa 300 km. Außerhalb der Fotosphäre schließt sich zunächst die **Chromosphäre** an, die aber wesentlich weniger Licht aussendet als die Fotosphäre und deshalb unter normalen Umständen nicht gesehen werden kann. Lediglich bei totalen Sonnenfinsternissen wird die Chromosphäre kurz vor dem Eintreten der Totalität für kurze Zeit sichtbar.

Die noch dünnere und lichtschwächere **Korona** der Sonne erscheint bei totalen Sonnenfinsternissen mit dem Eintritt der Totalität (↗ Bild 2).

> Die Sonne ist ein gasförmiger Fixstern und Zentralkörper unseres Sonnensystems. Da der Abstand zwischen Erde und Sonne viel geringer ist als der Abstand zu den sonstigen Fixsternen des Himmels, erscheint die Sonne auch wesentlich heller als alle anderen Sterne.

1 Aufbau der Sonne

2 Die Korona der Sonne bei totaler Sonnenfinsternis

1 Der EINSTEIN-Turm in Potsdam wurde speziell für Sonnenuntersuchungen errichtet.

Physik der Sonne

Die mit Hilfe der keplerschen Gesetze bestimmte Masse der Sonne sowie der aus ihrem Winkeldurchmesser abgeleitete Durchmesser, der die Berechnung des Volumens gestattet, führt für die mittlere Dichte der Sonne zu einem Wert von 1,41 g/cm³. Damit weist die Sonne nur eine wenig höhere Dichte als Wasser auf und ist wesentlich weniger dicht als z. B. die Erde.
Verfolgen wir die Bewegung von Sonnenflecken in der Fotosphäre, so können wir die Rotationsdauer der Sonne bestimmen. Dabei fällt allerdings auf, dass die verschiedenen Gebiete der Sonne unterschiedlich schnell rotieren. Wir sprechen von einer **differenziellen Rotation** des Sonnenkörpers. So beträgt die Rotation am Sonnenäquator 25 Tage, während sie in den polnahen Gebieten etwa 37 Tage ausmacht. Die Richtung der Sonnenrotation ist dieselbe wie die Bewegung der Planeten auf ihren Bahnen.

mittlerer Radius r	Masse m	mittlere Dichte ρ	Oberflächentemperatur	Rotationsdauer
696 000 km ($109 \cdot r_E$)	$1{,}99 \cdot 10^{30}$ kg ($333000 \cdot m_E$)	1,41 g/cm³ ($0{,}25 \cdot \rho_E$)	5 770 K ($T_E = 288$ K)	25 Tage am Äquator 37 Tage am Pol

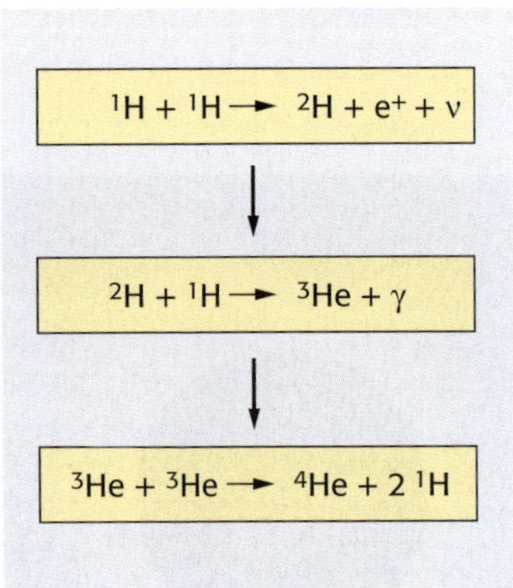

2 Der Proton-Proton-Prozess, der in den zentrumsnahen Gebieten der Sonne ständig vor sich geht und bei dem Energie freigesetzt wird.
Dabei bedeuten:
e+ Positron
ν Neutrino
γ Gammastrahlung

Aus spektralanalytischen Untersuchungen wissen wir, dass die Sonne zu etwa 73 Prozent aus Wasserstoff und zu 25 Prozent aus Helium sowie zu nur 2 Prozent aus anderen Elementen des Periodensystems besteht.
Die chemische Zusammensetzung der Sonne, die hohe Temperatur sowie der hohe Druck in ihren zentrumsnahen Gebieten sind die Bedingungen, unter denen sich die Energiefreisetzung vollzieht. Die wesentliche Energiequelle ist die **Kernverschmelzung (Kernfusion)**. Dabei bilden sich die schwereren Kerne des Heliums durch Verschmelzung von Kernen des Elements Wasserstoff. Dieser sogenannte **Proton-Proton-Prozess** beruht darauf, dass die Protonen, die sich wegen ihrer gleichnamigen positiven Ladungen eigentlich abstoßen, infolge der hohen Bewegungsenergie (Temperatur) miteinander verschmelzen. Der Prozess verläuft über mehrere Zwischenstufen (Bild 2).
In der Sonne werden je Sekunde 567 Millionen Tonnen Wasserstoff zu 562,8 Millionen Tonnen Helium „verschmolzen". Der Massendefekt je Sekunde beträgt somit 4,2 Millionen Tonnen.
Diesem Massendefekt entspricht nach der von ALBERT EINSTEIN entdeckten Beziehung zwischen Masse und Energie $E = m \cdot c^2$ (E – Energie, m – Masse, c – Lichtgeschwindigkeit) eine Energie, die als Strahlung freigesetzt wird. Dem Massendefekt von 4,2 Millionen Tonnen entspricht eine Energie von $3{,}8 \cdot 10^{26}$ Joule.

Die wichtigste Energiequelle der Sonne ist die Verschmelzung von Wasserstoff- zu Heliumatomen (Kernfusion). Der dabei auftretende Massendefekt bewirkt die Energiefreisetzung im Sonneninneren. Diese Energie wird wegen des Strahlungsgleichgewichts der Sonne ständig abgestrahlt.

Wegen der ständigen Umwandlung von Wasserstoff zu Helium im Sonneninneren verliert die Sonne Wasserstoff, während der Heliumanteil gleichzeitig zunimmt. Das gegenwärtige Alter der Sonne beträgt etwa 5 Milliarden Jahre. In dieser Zeit hat die Sonne etwa ein Drittel ihres Wasserstoffvorrates aufgebraucht. Die Lebenserwartung der Sonne beträgt nach unseren gegenwärtigen Erkenntnissen etwa 11 Milliarden Jahre. Jedoch wird auch dann noch nicht der gesamte Wasserstoff der Sonne in Helium umgewandelt sein. Aus der Theorie der Sternentwicklung wissen wir vielmehr, das sich die Zustandsgrößen der Sonne bereits wesentlich früher grundlegend verändern, so dass die Sonne dann in ihrer heutigen Form nicht mehr weiter existieren wird.

1 Der deutsche Physiker ALBERT EINSTEIN (1879–1955) entdeckte den Zusammenhang zwischen Energie und Masse.

Die Leuchtkraft der Sonne

Die gesamte von der Sonne kugelförmig in den kosmischen Raum abgestrahlte Energie je Zeiteinheit bezeichnet man als die **Leuchtkraft** der Sonne. Die Einheit der Leuchtkraft ist Energie je Zeiteinheit. Der Begriff „Kraft" trifft also physikalisch nicht zu, sondern ist historisch entstanden. Die Leuchtkraft der Sonne kann aus Messungen der sogenannten **Solarkonstanten** bestimmt werden. Darunter versteht man die in jeder Sekunde auf eine Fläche von $1\,m^2$ senkrecht auftreffende Sonnenenergie.

Die Solarkonstante hat in Erdentfernung einen Wert von

$$S = 1{,}36\ \frac{kW}{m^2}$$

Wollen wir daraus auf die tatsächlich von der Sonne abgestrahlte und somit in ihrem Innern freigesetzte Energie schließen, müssen wir uns vergegenwärtigen, dass wir unsere Messung gleichsam an der Innenfläche einer gewaltigen Kugel mit einem Radius von 150 Millionen Kilometern (Entfernung Erde–Sonne) durchgeführt haben. Wir müssen daher den gemessenen Wert noch mit der Oberfläche dieser Kugel in m^2 multiplizieren. Das ergibt für die Leuchtkraft der Sonne einen Wert von

$$L = 3{,}8 \cdot 10^{23}\ kW.$$

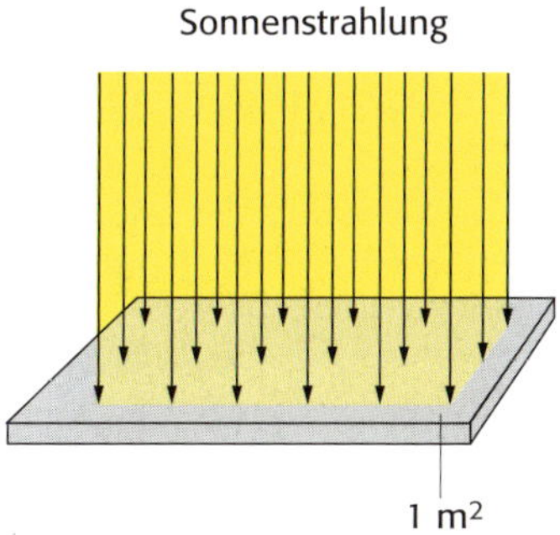

2 In Erdentfernung trifft auf eine Fläche von $1\,m^2$ in jeder Sekunde eine Energie von 1 360 Ws. Davon gelangen allerdings nur 50 % zur Erdoberfläche.

1 Neben dem sichtbaren Licht können wir die Wärmestrahlung (infrarotes Licht) wahrnehmen. Das UV-Licht führt zu einer Bräunung der Haut.

Die Strahlung der Sonne

Meist sprechen wir nur von Wärme und Licht, wenn wir die Strahlung der Sonne charakterisieren. Hinzu kommt die ultraviolette Strahlung, die für den Bräunungseffekt unserer Haut verantwortlich ist und vor der Hautärzte immer wieder warnen. Doch auch damit ist die gesamte von der Sonne ausgehende Strahlung noch keineswegs umfassend beschrieben. Vielmehr sendet die Sonne praktisch alle Strahlungsfrequenzen des elektromagnetischen Spektrums in den kosmischen Raum (Übersicht 2). Es beginnt im extrem kurzwelligen Bereich bei den Gamma- und Röntgenstrahlen, setzt sich über die verschiedenen Komponenten der Ultraviolettstrahlung fort, der sich der schmale Bereich des für unser Auge sichtbaren Lichtes anschließt. Dann folgen die längeren Wellen: Zunächst die Infrarot- oder Wärmestrahlung, dann die noch langwelligere Radiostrahlung. Außerdem ist die Sonne auch die Quelle verschiedener Teilchenstrahlung (Protonen, Elektronen und Heliumkerne), die im sogenannten Sonnenwind in den kosmischen Raum geblasen werden.

Die Sonne strahlt elektromagnetische Wellen aller Wellenlängen, von extrem kurzwelligen Röntgenstrahlen bis zu langwelliger Radiostrahlung, ab. Das Strahlungsmaximum liegt im Bereich des sichtbaren Lichtes.

Von der Atmosphäre wird die Strahlung unterschiedlich absorbiert. Durch den Einsatz von Ballonen, Raketen sowie Satelliten und interplanetaren Sonden sind wir heute jedoch in der Lage, uns ein sehr präzises Bild von der Vielfalt der Sonnenstrahlung zu machen.

2 Elektromagnetisches Spektrum mit den Frequenzen und Wellenlängen der Sonnenstrahlung. Die blau markierten Bereiche werden von der Erdatmosphäre weitgehend hindurchgelassen.

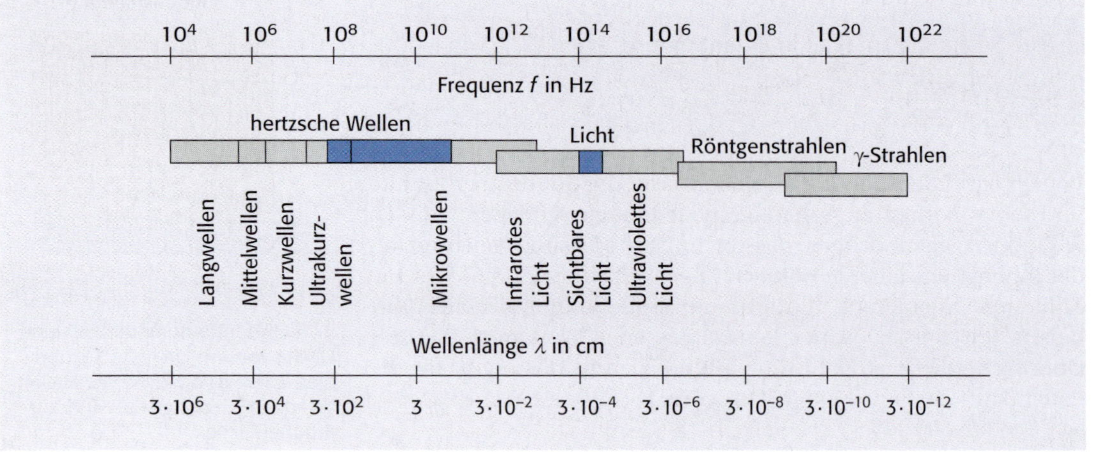

Erscheinungen der Sonnenatmosphäre

Seit wir die Sonne mittels Fernrohren beobachten können, ist das ehemals verbreitete Bild einer makellos rein leuchtenden hellen Scheibe der Erkenntnis gewichen, dass die für uns sichtbaren äußeren Schichten zahlreiche interessante Phänomene zeigen, die außerdem zeitlichen Veränderungen unterliegen.
Zunächst fällt bei der Betrachtung der „Sonnenscheibe“ auf, dass sie in der Mitte deutlich heller strahlt als am Sonnenrand. Wir nennen diese Erscheinung die **Mitte-Rand-Verdunklung**. Die Kenntnis der Beschaffenheit der Fotosphäre liefert uns eine nahe liegende Erklärung: Die Sonne ist eine gasförmige Kugel, deren für uns sichtbares Licht nur aus einer dünnen oberflächennahen Schicht stammt. Durch die Krümmung der Sonnenkugel trifft unser Blick am Sonnenrand gleichsam schräg, d.h. unter kleinem Winkel, auf die Fotosphäre. Wir sehen daher nur sehr oberflächennahe Schichten. Diese sind jedoch kühler als tieferliegende Gebiete und somit dunkler. Blicken wir auf die Mitte der Sonnenscheibe, dringt unser Blick am tiefsten in die Sonne ein. Somit werden uns heißere Gebiete zugänglich, die entsprechend heller erscheinen.
Schon bei geringen Vergrößerungen bemerken wir außerdem, dass die Sonnenfotosphäre eine körnige Struktur aufweist, die sogenannten **Granulen** (Bild 1). Sie sind Folge auf- und absteigender Gase. Die markantesten Gebilde in der Sonnenfotosphäre sind jedoch die **Sonnenflecke** (Bild 1).

Achtung!
Auch wenn die Neugier noch so groß ist: Man darf niemals mit ungeschützten Augen in die Sonne schauen. Der Blick in die Sonne mit einem Fernrohr ohne besondere lichtdämmende Hilfsmittel kann schwere Sehschäden bis zur Erblindung herbeiführen.

Die Sonnenflecke als auffallende Gebilde der Sonnenfotosphäre sind nicht immer in gleicher Anzahl vorhanden. Sie treten periodisch mit einem Häufigkeitsmaximum im Abstand von jeweils 11,1 Jahren auf.

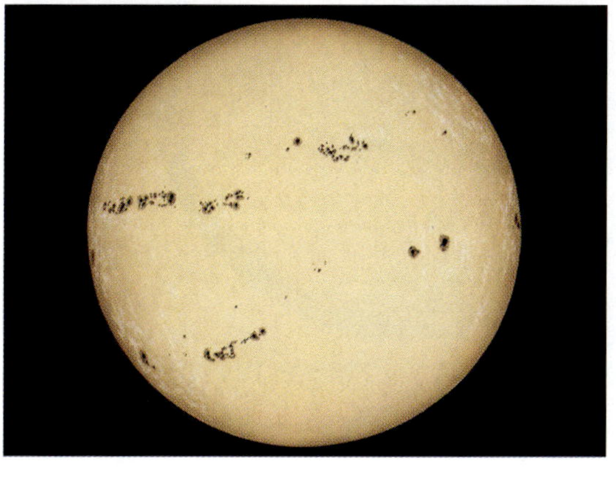

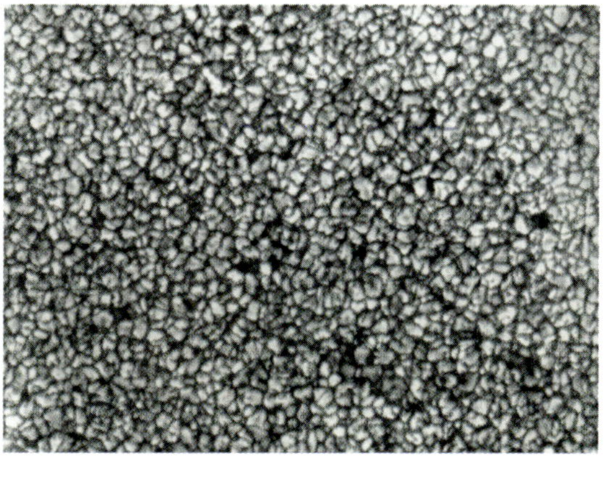

1 Die Sonnenoberfläche mit Sonnenflecken (Bild links).
Genauere Untersuchungen der Sonnenoberfläche zeigen eine körnige Struktur. In der Astronomie spricht man von Granulen (Bild rechts).

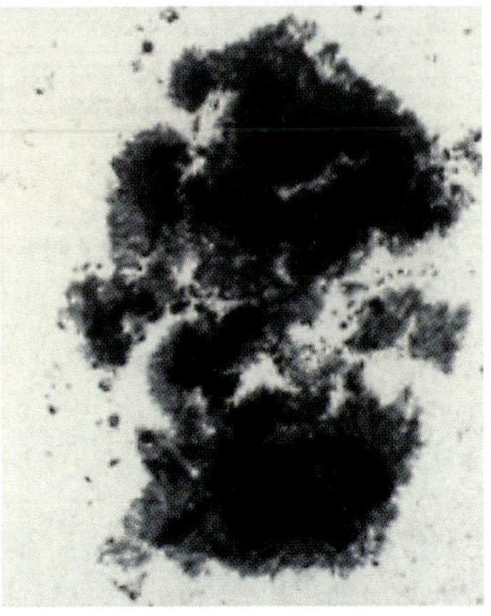

1 Die Struktur der Sonnenflecke ist durch einen tiefschwarzen Kern gekennzeichnet, den man als „Umbra" bezeichnet und der von einem helleren Gebiet, der „Penumbra", umgeben ist.

Diese gegenüber ihrer Umgebung dunkel erscheinenden Gebilde sind relativ kurzlebig und existieren nur einige Tage bis Wochen. Auch verändern sie ihr Aussehen oft innerhalb weniger Tage. Die Anzahl der zu beobachtenden Sonnenflecke verändert sich ebenfalls. Diese Entdeckung geht auf den Dessauer Physiker und Amateurastronomen SAMUEL HEINRICH SCHWABE (1789–1875) zurück. Er stellte im Jahre 1843 fest, dass die Anzahl der Sonnenflecke periodisch zu- und abnimmt.

Mit der Anzahl der Sonnenflecke verändert sich auch ihre Position. Nach einem Sonnenfleckenminimum treten die ersten Sonnenflecke in großen Breiten auf, die weit nördlich und südlich des Sonnenäquators liegen. Im Verlauf des Zyklus verschiebt sich das Auftreten der Flecke jedoch immer weiter äquatorwärts.

In seltenen Fällen erreichen Sonnenflecke derartig gewaltige Dimensionen, dass sie von der Erde aus mit dem bloßen Auge gesehen werden können.

Das dunkle Erscheinungsbild der Sonnenflecke ist eine Folge niedrigerer Temperaturen gegenüber der Umgebung. Die Temperatur in einem Sonnenfleck liegt rund 1 500 K unter der sonstigen Fotosphärentemperatur. Die Ursache dieser Erscheinung liegt im Magnetfeld der Sonne, das in verschiedenen Bereichen gestört ist. Solche Störungen unterhalb der Fotosphäre verhindern das Aufsteigen heißer Materie und sorgen somit für das Entstehen der Sonnenflecke als lokale Dunkelgebiete.

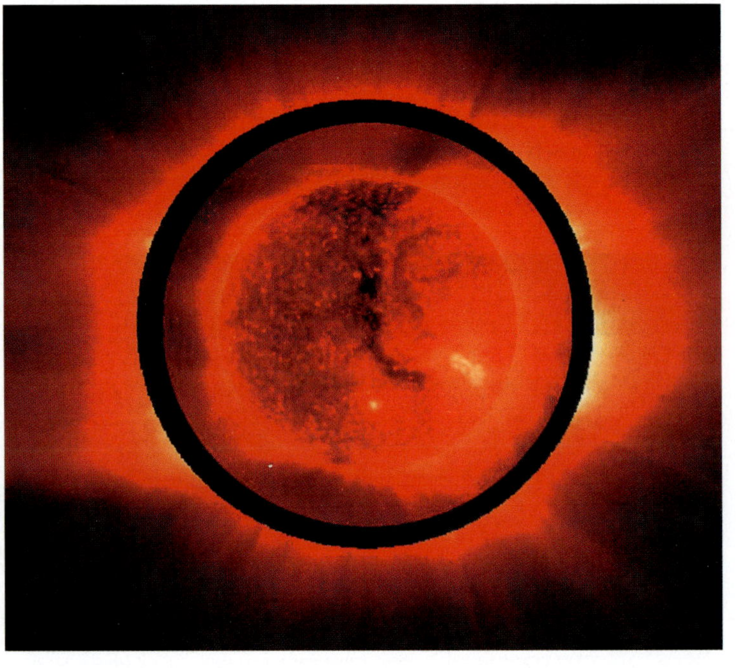

2 Bei totalen Sonnenfinsternissen oder mit speziellen technischen Hilfsmitteln können wir die **Sonnenkorona** beobachten, einen leuchtenden Strahlenkranz, der sich jenseits von Fotosphäre und Chromosphäre bis zu mehreren Sonnendurchmessern in den Raum erstreckt. Mit wachsendem Abstand wird die Dichte der Korona immer geringer, bis sie schließlich in den interplanetaren Raum übergeht. Die Sonnenkorona stellt ein hochverdünntes Gas dar, dessen Dichte einem Höchstvakuum in einem irdischen Laboratorium entspricht. Die Temperatur dieses Gases beträgt bis zu mehreren Millionen Grad.
Die Form der Korona ist stark veränderlich und wird wesentlich durch das Magnetfeld der Sonne und insofern auch durch die Sonnenflecke beeinflusst.

Zu den eindrucksvollsten Erscheinungen der Sonnenaktivität gehören die **Protuberanzen** (Bild 1). Dabei handelt es sich um heiße Gaswolken, die weit über die Chromosphäre der Sonne hinausragen und in die Korona eingebettet sind. Sie unterliegen starken zeitlichen Veränderungen, können aber unter Umständen auch Monate überdauern. Am Sonnenrand erscheinen die Protuberanzen hell gegen den dunklen Himmelshintergrund, auf der Sonnenscheibe hingegen dunkel gegen die helle Fotosphäre. Wir bezeichnen sie dann als **Filamente**. Die Protuberanzen entstehen meist in Sonnenfleckengruppen und zeigen deshalb ebenfalls einen 11-jährigen Zyklus. Die Materie in den Protuberanzen wird durch eine Art magnetisches Gerüst gehalten und besteht zum Teil aus kondensierter Korona-Materie. Auch die Protuberanzen sind nur bei totalen Sonnenfinsternissen oder mit speziellen Geräten zu beobachten.

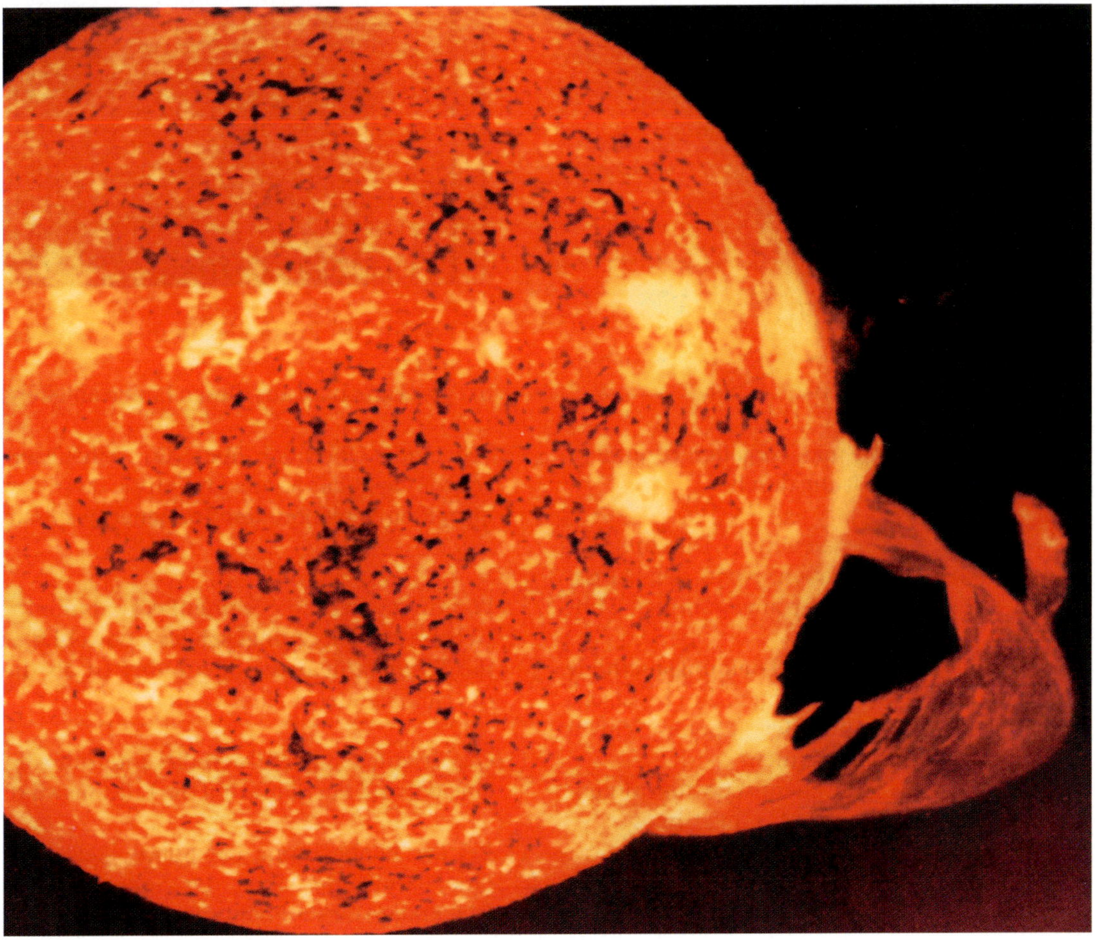

1 Das Foto zeigt eine der gewaltigsten Protuberanzen, die je registriert wurden. Es wurde am 19. Dezember 1973 aufgenommen. Die Aufnahme wurde im UV-Bereich gemacht. Die Spannweite des Bogens betrug ca. 590000 km und damit mehr als die Entfernung Erde–Mond.

Aufgaben

1. Skizziere den Aufbau der Sonne und bezeichne die wichtigsten Teile!

2. a) Nenne die Schichten der Sonnenatmosphäre!
   b) Warum kann man die beiden Sonnenatmosphärenschichten Chromosphäre und Fotosphäre nicht mit dem bloßen Auge, sondern nur bei einer Sonnenfinsternis sehen?

3. Was versteht man unter der differenziellen Rotation der Sonne?

4. Mit Hilfe der dargestellten Anordnung könnte man die Strahlungsleistung abschätzen, die die Erdoberfläche erreicht.

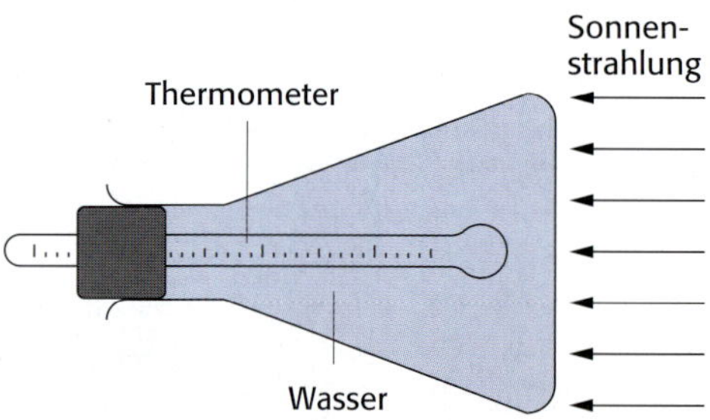

   a) Beschreibe, wie man vorgehen könnte!
   b) Führe eine Messung durch!

5. Welche maßstabsgerechten Durchmesser müsste die Sonne haben, wenn der Durchmesser der Erde mit 1 cm angenommen wird?

6. a) Durch welche Untersuchungsmethode gelingt es den Astronomen, die chemische Zusammensetzung der äußeren Schicht der Sonne zu bestimmen?
   b) Gib die ungefähre chemische Zusammensetzung der Sonne an!

7. In welchen Bereich des Sonnenkörpers produziert unser Zentralgestirn seine Energie?

8. a) Durch welchen Prozess gewinnt die Sonne ihre Energie?
   b) Vergleiche diesen Energieumwandlungsprozess mit zwei dir bekannten anderen Prozessen der Energiegewinnung!

9. Beschreibe den Energietransport vom Entstehungsort in der Sonne bis zur Erde!

10. In einem Sonnenspektrum beobachtet man eine große Anzahl von dunklen Linien (fraunhofersche Linien).

   a) Erkläre das Zustandekommen dieser Linien!
   b) Was kann man aus diesen Linien ableiten?

11. Gib einen Überblick über die Aktivitätserscheinungen der Sonne und ordne diese den einzelnen Schichten der Sonnenatmosphäre zu!

12. Warum sehen wir die Sonnenflecke als dunkle Gebiete auf der Sonnenscheibe, obwohl hier die Temperatur wesentlich höher ist als die der Glühwendel in einer Lampe?

13. Gib Beispiele an, wie sich die unterschiedliche Aktivität der Sonne auf die Erde auswirkt!

14. Bei der Beobachtung der Sonne stellt man eine Randverdunklung der Sonnenscheibe fest. Erkläre dieses Phänomen!

15. Warum müssen bei der Beobachtung der Sonne besondere Vorsichtsmaßregeln berücksichtigt werden?
Gibt zwei verschiedene ungefährliche Sonnenbeobachtungsmethoden an!

16. In einem einfachen Versuch kann die Erscheinung der Granulation der Sonne simuliert werden. Wenn man in ein flaches Gefäß Milch und Kakaopulver gibt und dann erhitzt, bilden sich an der Oberfläche infolge der Konvektion ähnliche Strukturen.
   a) Was versteht man unter „Granulen“ bzw. unter „Granulation“?
   b) Führe den Versuch durch!
   c) Beschreibe und erläutere deine Beobachtungsergebnisse!

17. Beobachte mit Hilfe der Projektionsmethode die Sonne und bestimme den Längsdurchmesser einer großen Fleckengruppe!

18. Beobachte über einen längeren Zeitraum eine Fleckengruppe und bestimme daraus die synodische Rotationsdauer der Sonne!

19. Wenn die Sonne im horizontnahen Bereich beobachtet wird, so scheint sie wesentlich größer als wenn sie zur Mittagszeit betrachtet wird.
   a) Bestimme den scheinbaren Durchmesser der Sonne und überprüfe diese Aussage!
   b) Vergleiche den scheinbaren Sonnendurchmesser mit dem scheinbaren Monddurchmesser!

Das Wichtigste im Überblick

Die **Sonne** ist ein gasförmiger Fixstern und der Zentralkörper unseres Planetensystems, um den sich die Planeten auf kreisähnlichen Bahnen bewegen. Da alle Planeten zusammen nur über 0,1 Prozent der Gesamtmasse der Sonne verfügen, ist sie auch mit Abstand der massereichste Körper des Sonnensystems.
Als Fixstern setzt die Sonne in ihrem Inneren durch **Kernfusion** Energie frei, die wir als Sonnenstrahlung beobachten können. Die Sonnenstrahlung ermöglichte die Entstehung und Entwicklung des Lebens auf der Erde.

Die wichtigsten Daten über die Sonne im Vergleich zur Erde:

Größe	Sonne	im Vergleich zur Erde
Masse	$1{,}989 \cdot 10^{30}$ kg	das 330000fache der Erdmasse
Oberflächentemperatur	5 770 K	mittlere Temperatur der Erdoberfläche 15 °C = 288 K
Temperatur im Mittelpunkt	10 000 000 K	5000–5800 K
Durchmesser	1 392 000 km	das 109fache des Erddurchmessers
Rotationsdauer (synodisch)	27,3 Tage	24 h = 1 Sonnentag
Rotationsdauer (siderisch)	25,4 Tage (differenzielle Rotation)	23 h 56 min

3.2 Andere Sterne – Geschwister der Sonne

Die größte bekannte Geschwindigkeit besitzt mit ca. 300000 km/s das Licht. Bis zum Mond benötigt es etwas mehr als eine Sekunde, zur Sonne immerhin schon reichlich acht Minuten. Von den Sternen ist es aber viele Jahrhunderte oder Jahrtausende bis zur Erde unterwegs. Trotz dieser unvorstellbaren Distanz kann man gegenwärtig schon recht genau die Entfernungen solcher Sterne messen, von denen das Licht bis zur Erde einige hundert Jahre benötigt.

Welche Untersuchungsmethoden ermöglichen die Bestimmung derartiger Entfernungen?

Wie genau sind solche Entfernungsmessungen?

Im Jahre 1995 berichteten Schweizer Astronomen erstmals über die Entdeckung eines Planeten um den Stern 51 Pegasi. Bis zu diesem Zeitpunkt kannte man außer dem unsrigen keine weiteren „intakten" Planetensysteme und nahm deshalb an, dass alle „Sonnensysteme" ähnlich aufgebaut sind. Um so überraschender war die Mitteilung, dass der entdeckte Planet die halbe Jupitermasse besitzt und eine Umlaufzeit von nur 4,2 Tagen um den Zentralkörper hat.

Wie entstehen Planetensysteme?

Wie viele Planetensysteme gibt es?

Könnte auf neu entdeckten Planeten Leben existieren?

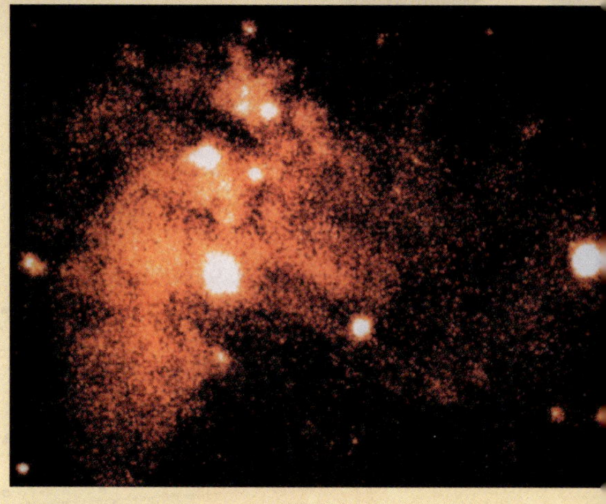

Die Sonne wird der Erde noch etwa 6 Milliarden Jahre Licht und Wärme spenden, bis ihrem „Fusionsreaktor" der Brennstoff ausgeht. Wie alle anderen Sterne verändert sie sich ständig.

Wie entwickeln sich Sterne?

Welche charakteristischen Entwicklungsetappen gibt es?

Wie lange existiert ein Stern?

Von welchen Bedingungen ist seine Lebensdauer abhängig?

Die scheinbare Helligkeit von Sternen

Schon ein flüchtiger Blick zum Himmelszelt zeigt, dass die einzelnen Sterne voneinander abweichende Helligkeitseindrücke im menschlichen Auge hervorrufen. Sie besitzen unterschiedliche **scheinbare Helligkeiten** (Bild 1).

> Die scheinbare Helligkeit *m* eines Sterns ist ein Maß für die Intensität des vom Stern auf der Erde ankommenden Lichtes.

Auch die Einheit der scheinbaren Helligkeit, die **Größenklasse**, wird mit dem Buchstaben m bezeichnet. Um Verwechslungen zu vermeiden, erfolgt deshalb die Einheitsangabe über dem Komma. Zum Beispiel besitzt der Stern Rigel im Sternbild Orion die scheinbare Helligkeit

$m = 0^{m}_{,}11.$

1 Die scheinbare Helligkeit eines Sterns entspricht weitgehend dem vom Auge registrierten Lichteindruck.

Zwischen dem menschlichen Auge und einem Belichtungsmesser existiert ein bedeutsamer Unterschied. Erhöht man die Stärke einer Lichtquelle auf das Doppelte, dann verdoppelt sich der Zeigerausschlag des Messinstrumentes. Das Auge schätzt die Helligkeit aber weniger als doppelt so hell ein. Da man früher die Sternhelligkeiten nur mit dem Auge schätzen konnte, sind alle alten Beobachtungen mit dieser Eigenheit der menschlichen Wahrnehmung behaftet. Auch die heute verwendete Festlegung der Sternhelligkeiten berücksichtigt diesen Umstand. Unterscheiden sich beispielsweise zwei Sterne um 5 Größenklassen, dann verhalten sich ihre tatsächlichen Beleuchtungsstärken wie 1:100.

Eigens zur Messung der Lichtintensität gebaute Geräte nennt man **Fotometer**. Arbeitet ein Fotometer mit einer Farbempfindlichkeit, die dem menschlichen Auge entspricht, dann nennt man die ermittelten Helligkeiten **visuelle Helligkeiten**.

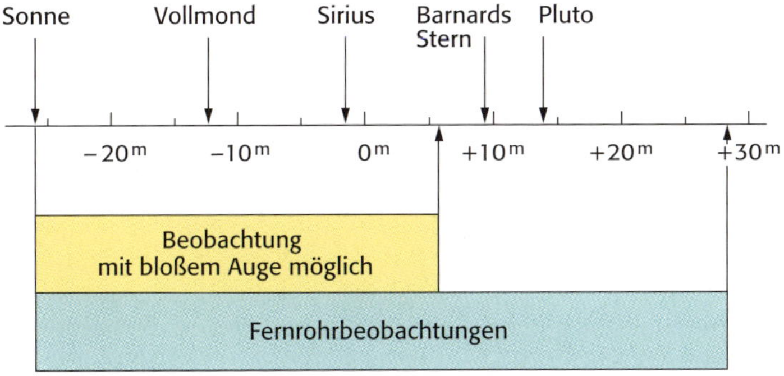

2 Die scheinbare Helligkeit einiger Himmelskörper. Es gilt: Je kleiner der Wert der scheinbaren Helligkeit ist, umso heller erscheint uns der Stern.

Stern	scheinbare Helligkeit m
Sirius	−1,43
Arktur	−0,06
Wega	+0,04
Kapella	+0,09
Beteigeuze	+0,1…+1,2
Rigel	+0,15
Prokyon	+0,37

1 Die hellsten von Mitteleuropa aus beobachtbaren Sterne

Wie hell ein Stern tatsächlich erscheint, ist von unterschiedlichen Faktoren abhängig. Zum Beispiel kann ein bestimmter Stern deshalb lichtschwächer als ein anderer erscheinen:
- weil er wesentlich weiter von der Erde entfernt ist oder
- weil seine Leuchtkraft geringer ist oder
- beide Einflüsse gleichzeitig auftreten, der Stern also weiter entfernt ist und auch schwächer leuchtet.

Welche dieser Möglichkeiten tatsächlich zutrifft, kann man nicht sofort entscheiden. Dieses Problem ist nur dann zu lösen, wenn man die Entfernung und die Leuchtkraft des Sterns ermittelt.

Die scheinbare Helligkeit eines Sterns wird durch seine Entfernung und seine Leuchtkraft beeinflusst.

Dabei ist zu berücksichtigen, dass im Weltraum befindliche Gase und Staub das Sternlicht zusätzlich beeinflussen.

Bestimmung der Entfernung von Sternen

Die einfachste Methode zur Bestimmung einer Entfernung eines Körpers von einem anderen ist das direkte Ausmessen. Ein solches Verfahren kommt für die Ermittlung der Sternentfernungen nicht in Betracht. Stattdessen nutzt man die Methode der Dreiecksberechnung. Durch die jährliche Bewegung um die Sonne verändert die Erde ihre Lage im Raum. Dabei verschiebt sich auch die Richtung, unter der ein Erdbeobachter zu einem bestimmten Stern blickt (Bild 2).

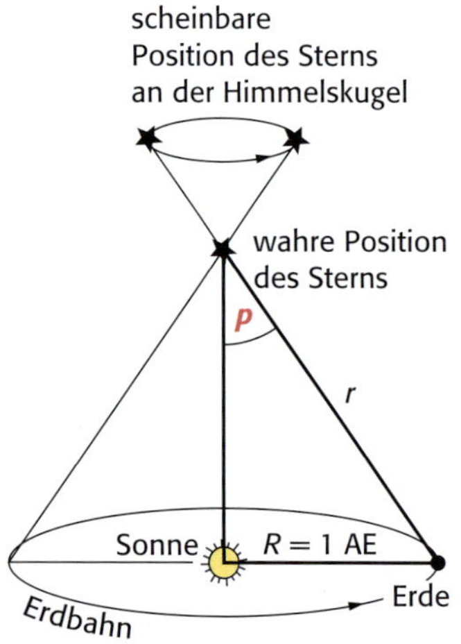

2 Prinzip der trigonometrischen Entfernungsbestimmung: Durch die Bewegung der Erde um die Sonne ergibt sich eine Verschiebung eines Sterns an der scheinbaren Himmelskugel. Der Winkel p wird als Parallaxe bezeichnet.

Durch die Bewegung der Erde um die Sonne ändert sich die Position naher Sterne an der scheinbaren Himmelskugel.

Mit bloßem Auge sind die Richtungsänderungen nicht zu erkennen, unter Verwendung von Präzisionsinstrumenten kann man sie aber bei vielen Sternen recht gut messen.

Winkel, die entstehen, weil sich der Beobachter bewegt und deshalb seine Blickrichtung zu einem Objekt ändert, nennt man **Parallaxen**.

Die scheinbare Positionsänderung eines Sterns ist am größten, wenn man sie von zwei gegenüberliegenden Punkten der Erdbahn

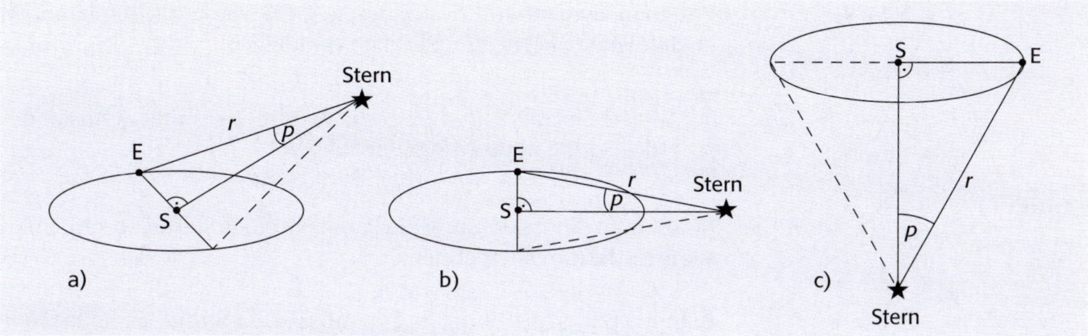

1 Das Dreieck Erde E– Sonne S – Stern kann bei beliebiger Lage des Sterns zur Erdbahnebene für die Entfernungsbestimmung genutzt werden.

feststellt (↗ Bild 2, S. 126). Dann schließen die Blickrichtungen zum Stern den maximal möglichen Winkel ein. In der Astronomie verwendet man für die Entfernungsbestimmung der Sterne den halben Winkel zwischen den Blickrichtungen und legt fest:

> Die Parallaxe p ist der halbe Winkel zwischen den Sehstrahlen von zwei gegenüberliegenden Punkten der Erdbahn zum Stern.

Allerdings hängt es von der Lage des Sterns zur Erdbahn ab, um welche Bahnpunkte es sich handelt (Bild 1). Bei praktischen Beobachtungen werden die scheinbaren Ortsveränderungen eines Sterns über lange Zeiträume hinweg verfolgt.
Die gemessenen Sternparallaxen sind sehr klein. Deshalb ist es erforderlich, sich mit der Angabe von extrem kleinen Winkeln zu beschäftigen. Der 60. Teil eines Grades heißt **Winkelminute**, der 3600. Teil eines Grades ist eine **Winkelsekunde**.

> Winkelminute: $1' = 1^\circ/60$
> Winkelsekunde: $1'' = 1^\circ/3600 = 1'/60$

Ein Himmelskörper mit einer Parallaxe von 1" hätte bereits einen Abstand von 206265 Astronomischen Einheiten zur Erde. Dieser große Zahlenwert legt die Einführung einer neuen Entfernungseinheit nahe, zumal alle Messungen ergeben haben, **dass die jährlichen Parallaxen der Sterne durchweg kleiner als 1" sind**.
Man nennt die neue Entfernungseinheit **Par**allaxen**sec**unde oder auch kurz **Parsec** und führt als Zeichen für die Einheit **pc** ein.

> Ein Objekt mit einer Parallaxe p von 1" ist genau 1 Parsec (1 pc) von der Erde entfernt. Das sind $3{,}086 \cdot 10^{13}$ km.

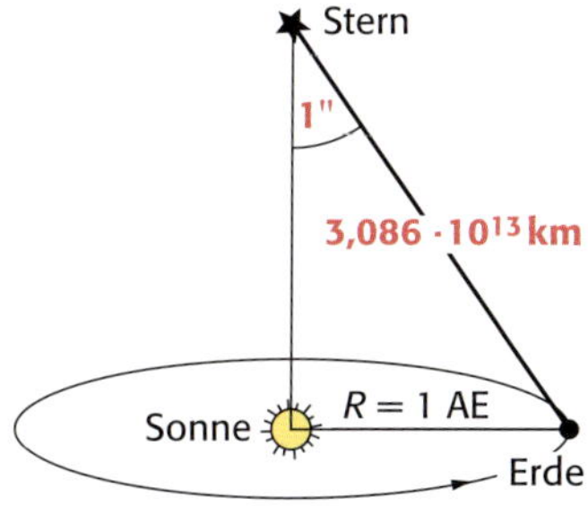

2 Die Entfernung 1 Parsec (1 pc)

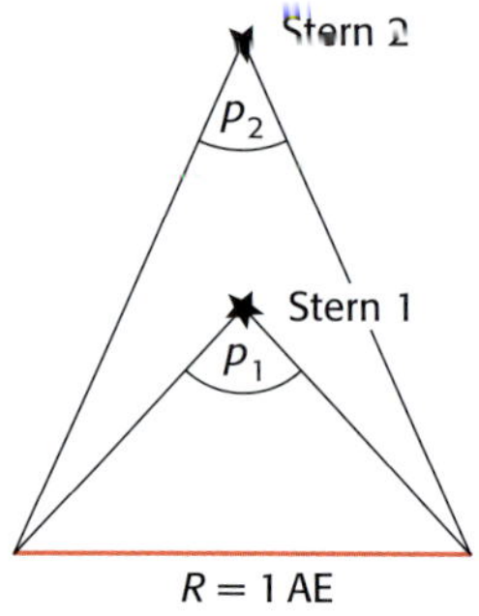

1 Parallaxen bei unterschiedlichen Entfernungen von Sternen: Kleinere Parallaxe bedeutet größere Entfernung.

Wie man sich anhand des Bildes 2, S. 127 verdeutlichen kann, ist auch folgende Festlegung des Parsec möglich:

> 1 Parsec ist die Entfernung, aus welcher der mittlere Abstand Erde–Sonne unter einem Winkel p von 1″ erscheint.

Kennt man durch Messung die Parallaxe eines Sterns, so kann man seine Entfernung berechnen.

> Für die Entfernung eines Sterns gilt:
>
> $$r = \frac{1}{p}$$
>
> r Entfernung des Sterns in Parsec
> p Parallaxe des Sterns in Winkelsekunden

Diese Gleichung drückt unmittelbar den anschaulichen Zusammenhang aus, dass die Entfernung eines Sterns umso größer ist, je kleiner seine Parallaxe ist (Abb. 1). Der nach der Sonne uns nächste Stern ist Proxima Centauri mit 1,30 pc. Das sind 4,2 Lichtjahre oder $4{,}01 \cdot 10^{13}$ km.

Seit den ersten Parallaxenmessungen im 19. Jahrhundert hat sich die Genauigkeit der Geräte bedeutend gesteigert. Die umfangreichsten Kenntnisse der Sternparallaxen beruhen derzeit auf den Untersuchungen des im Jahre 1989 gestarteten Satelliten HIPPARCOS. Mit Hilfe dieses Satelliten wurden viele Sternparallaxen neu vermessen und die Parallaxen vieler Sterne erstmals ermittelt. Bei der Angabe der Entfernung von Sternen wird neben der Längeneinheit Parsec auch die Einheit **Lichtjahr** (ly) verwendet. Manchmal nutzt man dafür auch die Abkürzung lj. Ein Lichtjahr ist die Strecke, die das Licht bei einer Geschwindigkeit von 300 000 km/s während eines Jahres zurücklegt. Es gilt:

$$1\,\text{pc} = 3{,}26\,\text{ly}$$
$$1\,\text{pc} = 206265\,\text{AE}$$
$$1\,\text{pc} = 3{,}086 \cdot 10^{16}\,\text{m}$$

Die Einheit Lichtjahr verdeutlicht, wie lange das Licht benötigt, um von den Sternen zur Erde zu gelangen. Das Licht des Sirius, das wir heute sehen, verließ dessen Oberfläche vor etwa neun Jahren. Das heute vom Stern Rigel (Sternbild Orion) beobachtete Licht entstand, als auf der Erde gerade die Zeit des Mittelalters war. Ein Blick zu den Sternen ist stets auch ein Blick in die Vergangenheit des Weltalls. Umgekehrt gilt: Licht oder Funkwellen, die heute von der Erde abgestrahlt werden, erreichen den Stern Rigel erst in etwa 815 Jahren.

Stern	Entfernung in pc
Proxima Centauri	1,30
α Centauri B	1,35
α Centauri A	1,35
Barnards Stern	1,82
Lalande 21185	2,55
Sirius	2,7
Prokyon	3,5
Atair	5,0
Arktur	11
Kapella	14
Rigel	250

2 Entfernung der fünf erdnächsten und einiger weiterer Sterne

Absolute Helligkeit von Sternen

Kennt man die Entfernung und die scheinbare Helligkeit verschiedener Sterne, dann kann man sagen, welcher Stern unter ihnen tatsächlich und nicht nur scheinbar am hellsten ist. Am leichtesten würde diese Entscheidung natürlich fallen, wenn sich alle Sterne in der gleichen Entfernung zum Beobachter befinden würden. Die Sterne erfüllen diese Forderung aber nicht. Mit Hilfe der Mathematik kann man jedoch für jeden Stern diejenige Helligkeit berechnen, die er in einer vorgegebenen Entfernung zum Beobachter hätte. Für Vergleichszwecke einigte man sich in der Astronomie auf den Wert 10 pc (Bild 1).

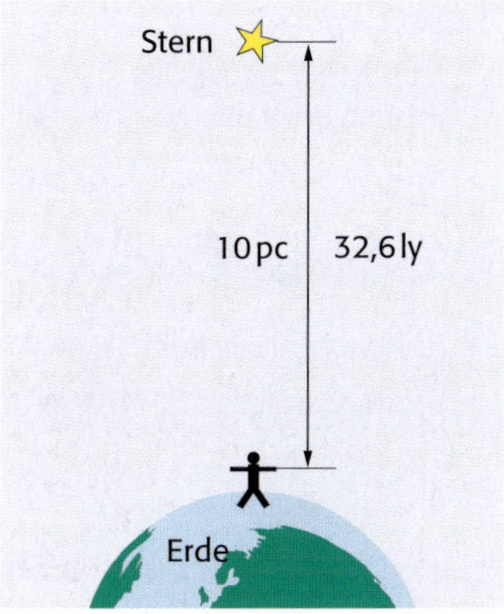

1 Die absolute Helligkeit bezieht sich auf eine Entfernung von 10 pc.

Die Helligkeit, mit der ein Stern aus einer Entfernung von 10 pc erscheint, wird als absolute Helligkeit *M* bezeichnet.

Die absolute Helligkeit *M* besitzt die gleiche Einheit wie die scheinbare Helligkeit, also die Größenklasse m.

Stern	scheinbare Helligkeit *m*	absolute Helligkeit *M*
Sirius	−1,43	+1,42
Arktur	−0,06	−0,2
Wega	+0,04	+0,5
Kapella	+0,09	−0,6
Rigel	+0,11	−7,0
Prokyon	+0,35	+2,65

Ist die Entfernung eines Sterns in Parsec und seine scheinbare Helligkeit *m* in Größenklassen angegeben, dann erfolgt die Berechnung der absoluten Helligkeit *M* mit Hilfe der Gleichung:

$$M = m + 5 - 5 \cdot \lg r$$

Da bereits die scheinbaren Helligkeiten nur für bestimmte Farbbereiche des Lichtes ermittelt werden, sind auch die absoluten Helligkeiten in der Regel Farbhelligkeiten. Hingegen ist die Leuchtkraft eines Sterns – genau wie bei der Sonne – stets seine in allen Wellenlängen des elektromagnetischen Spektrums ermittelte Strahlungsleistung. Falls man das berücksichtigt, kann man aus den absoluten Helligkeiten die Leuchtkräfte der Sterne berechnen.

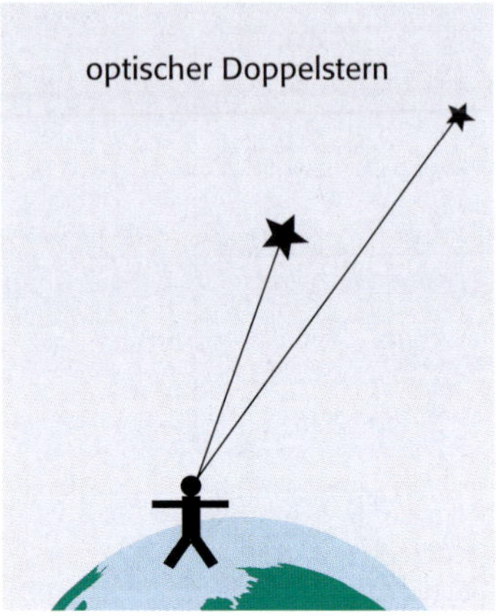

1 Sterne, die nahe beieinander zu stehen scheinen, in Wirklichkeit aber weit voneinander entfernt sind, nennt man optische Doppelsterne.

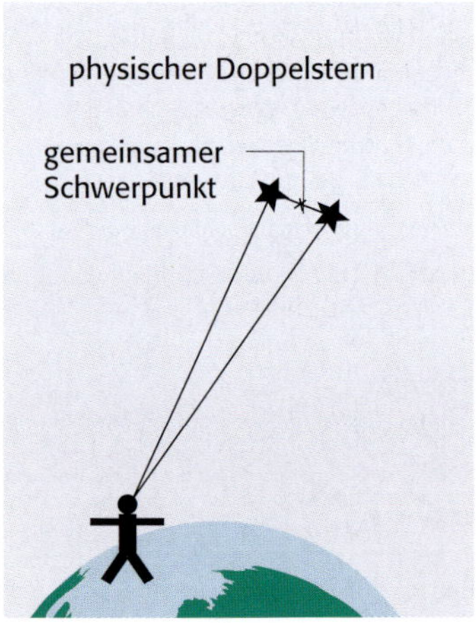

2 Physische Doppelsterne bewegen sich um einen gemeinsamen Schwerpunkt.

Die Zustandsgrößen der Sterne

In der Physik heißen solche Größen, mit deren Hilfe man die Eigenschaften eines Körpers beschreiben kann, **Zustandsgrößen**. Beispielsweise besitzt ein Gas in einem verschlossenen Behälter die Zustandsgrößen Temperatur, Druck, Volumen und Dichte. Auch die Sterne lassen sich durch eine Reihe von Zustandsgrößen charakterisieren.

> Wichtige Zustandsgrößen der Sterne sind die Masse M, der Radius R, die mittlere Dichte ρ, die Oberflächentemperatur T, die Spektralklasse und die Leuchtkraft.

Nachfolgend sind Hinweise zu diesen Zustandsgrößen gegeben.

Sternmassen: Viele Sterne befinden sich im Weltall räumlich dicht beieinander (Bild 2). In solchen Fällen beeinflussen sie sich gegenseitig durch ihre Gravitationskraft. Wie die Planeten die Sonne können solche Sterne eventuell einen gemeinsamen Schwerpunkt umkreisen. Man nennt diese Sterne dann **physische Doppelsterne** (Bild 2). Sofern man die Umlaufzeit und die Umlaufbahn eines physischen Doppelsterns um den Schwerpunkt beobachten kann, lassen sich die Massen der beiden Sterne berechnen.

Sternradien: Gelegentlich umkreisen sich zwei Sterne so, dass sie sich von der Erde aus gesehen wie bei einer Sonnenfinsternis gegenseitig verdecken (Bild 3). Dabei nimmt die Gesamthelligkeit des Doppelsterns ab. Man nennt solche Systeme **Bedeckungsveränderliche**. Die Verdunklungszeiten werden durch einige Faktoren bestimmt: Die Durchmesser der Sterne, ihren Bahnradius und die Geschwindigkeit, mit der sie sich aneinander vorbeibewegen. Sind die Daten zur Bahnbewegung bekannt, lässt sich auch der Durchmesser (Radius) der Sterne berechnen.

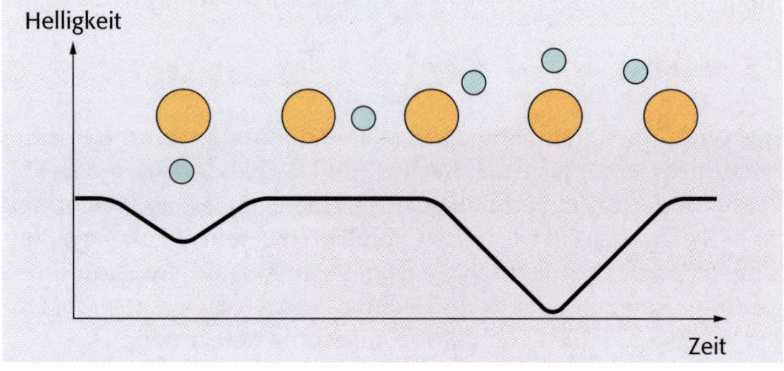

3 Vereinfachter Verlauf der Lichtkurve bei Bedeckungsveränderlichen, deren Bewegungsebene in Erdrichtung liegt

Besitzt das Spektrum zweier Sterne eine übereinstimmende Farbzusammensetzung, dann wird der Unterschied in der Leuchtkraft durch die Größe der Oberfläche dieser Sterne verursacht. Der hellere Stern besitzt eine größere Oberfläche. Sein Radius ist größer. Aufgrund dieses Zusammenhangs können Sternradien auch aus den Spektren und Leuchtkräften der Sterne ermittelt werden.

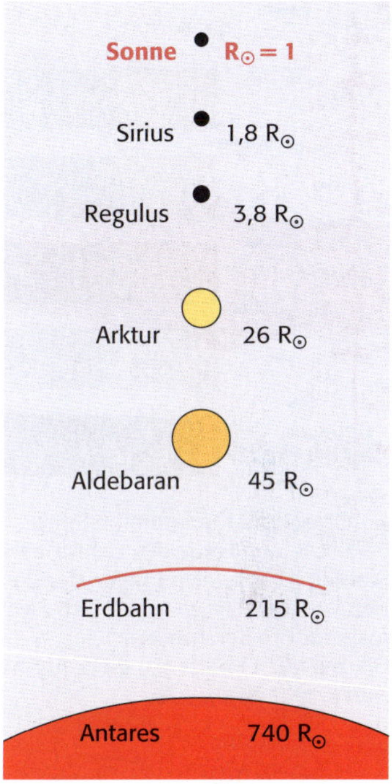

1 Einige Sternradien im Vergleich zum Radius der Sonne und der Erdbahn

Mittlere Dichte: Enge Doppelsterne und sehr junge Sterne sind mitunter stark deformiert. Sofern diese und ähnlich Fälle ausgeschlossen sind, darf man einen Stern als Kugel ansehen. Die mittlere Dichte ρ ergibt sich dann, indem man die Masse des Sterns durch das Kugelvolumen dividiert:

$$\rho = \frac{m}{V} = m \cdot \frac{3}{4\pi \cdot R^3}$$

Oberflächentemperatur: Für die Abschätzung der Oberflächentemperatur eines Sterns werden verschiedene Methoden genutzt. Eine Möglichkeit besteht darin, aus der Farbe des Sternlichtes auf die Temperatur zu schließen. Je nach der Höhe der Oberflächentemperatur setzt sich das Licht der Sterne aus unterschiedlichen Farbintensitäten zusammen. Das Licht eines rötlich leuchtenden Sterns enthält einen ausgeprägten Rotanteil. Dieser Stern ist an seiner Oberfläche recht kühl. Das bläuliche Licht eines anderen Sterns ist Ausdruck seiner hoher Oberflächentemperatur (Bild 2).
Die unterschiedlichen Sternfarben erkennt man nach einer kurzen Eingewöhnungszeit bei einigen Sternen sogar mit bloßem Auge. Sirius leuchtet weißlich, der Stern Beteigeuze im Sternbild Orion besitzt eine rote Farbe. Beteigeuze ist also kühler als Sirius. Eindrucksvoller lassen sich die Sternfarben mit Hilfe eines Fotoapparates abbilden (Bild 2).

2 Die Sternspuren sind Ausdruck der scheinbaren Bewegung der Sterne. Ihre Farbe ermöglicht Aussagen zur Oberflächentemperatur der Sterne.

Stern	Spektrum	Farbe	Temperatur	Spektralklassen
Spica		bläulich	25000 K	blau O B
Sirius		weiß	10400 K	weiß A
Sonne		gelblich	6000 K	F gelb G
Arktur		rötlich gelb	4200 K	orange K
Betei-geuze		rötlich	3300 K	rot M

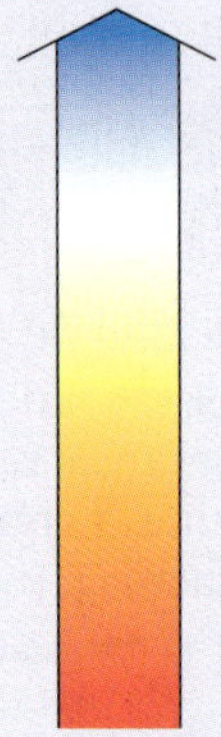

1 Oberflächentemperatur, Spektralklasse und Farbe des Lichtes bei Sternen. Die Bezeichnungen der sieben Spektralklassen lassen sich z. B. folgendermaßen merken:
Oh, **b**ei **a**llen **F**ixsternen **g**ibt's **k**ennzeichnende **M**erkmale.

Spektralklassen: Wie bei der Sonne kann man auch das Licht der Sterne in die Farbbestandteile, das Spektrum, zerlegen. Um die Vielfalt der Sternspektren besser zu überblicken, ordnet man sie in Spektralklassen ein. Diese sind mit Großbuchstaben benannt (Abb. 1). Alle Spektren einer Klasse sind sich sehr ähnlich.

Die Spektralklassen sind Ausdruck der physikalischen Unterschiede zwischen den Sternen. Ein besonders enger Zusammenhang besteht zwischen der Spektralklasse und der Oberflächentemperatur eines Sterns.

O-Sterne sind an der Oberfläche besonders heiß, die M-Sterne hingegen kühl. Die Sonne ist ein Stern der Spektralklasse G. Ihre Oberflächentemperatur ist somit höher als die der M-Sterne.

2 Der orangefarbene Stern Aldebaran hat die Spektralklasse K. Seine Oberflächentemperatur beträgt etwa 3400 K, sein Durchmesser ca. 40 Sonnendurchmesser.

Leuchtkraft: Aus der Entfernung und der scheinbaren Helligkeit eines Sterns kann man seine Leuchtkraft ermitteln. Auch die Spektrallinien der Sternspektren liefern wichtige Hinweise zur Bestimmung der Leuchtkraft. Verwaschene Linien deuten auf geringe, Linien mit scharfen Rändern auf hohe Leuchtkräfte hin.

Die Leuchtkraft eines Sterns wird von der Temperatur und der Größe seiner Oberfläche bestimmt.

Kennt man diese beiden Werte, dann lässt sich die Leuchtkraft berechnen.
Die Zustandsgrößen unterliegen von Stern zu Stern teilweise beträchtlichen Abweichungen. So können sich die Sternmassen etwa um den Faktor 800, die Sternradien um den Faktor 1000000

unterscheiden. Zum Vergleich: Würden Menschen einer solchen Schwankungsbreite unterliegen, dann könnten sie zwischen 0,5 kg und 400 kg wiegen und zu alledem auch noch eine Körpergröße besitzen, die zwischen 1 mm und 1 km schwankt.
Neben den sonnenähnlichen Sternen spricht man deshalb in der Astronomie auch von **Riesen** und **Zwergen**. Den extremsten Variationen unterliegt aber die mittlere Dichte der Sterne. Man kennt Sterne, die eine Dichte von 10^{14} g/cm^3 besitzen. Ein Stückchen „Würfelzucker" aus dieser Sternmaterie würde einhundert Millionen Tonnen wiegen. In der nachfolgenden Übersicht sind die Zustandsgrößen einiger Sterne dargestellt.

Stern	Spektralklasse	Oberflächentemperatur in K	Radius in Vielfachen des Sonnenradius	Leuchtkraft in Vielfachen der Leuchtkraft der Sonne
Sirius	A	10400	1,8	20
Arktur	K	4200	26	200
Wega	A	11900	4	50
Rigel	B	12300	20	60000
Prokyon	F	7000	1,5	5
Atair	A	8000	1,6	10

1 Ejnar Hertzsprung (1873–1967)

Das Hertzsprung-Russell-Diagramm

Um die Entwicklung und den inneren Aufbau der Sterne zu untersuchen, reicht die Feststellung ihrer Zustandsgrößen nicht aus. Wie ein Stern „funktioniert", versteht man erst dann, wenn man wesentliche Zusammenhänge zwischen verschiedenen Zustandsgrößen kennt. Einige dieser Zusammenhänge sind offensichtlich. So hängt zum Beispiel die mittlere Dichte eines Sterns von seinem Radius und seiner Masse ab. Gibt es ähnliche Verknüpfungen zwischen anderen Zustandsgrößen?
Diese Frage versucht man unter anderem mit Hilfe von **Zustandsdiagrammen** zu beantworten. Das bekannteste Zustandsdiagramm der Astrophysik ist das **Hertzsprung-Russell-Diagramm (HRD)**, benannt nach Ejnar Hertzsprung (1873–1967, Bild 1) und Henry Norris Russell (1877–1957, Bild 2).
In diesem Diagramm werden die Leuchtkräfte und die Oberflächentemperaturen der Sterne eingetragen.

2 Henry Norris Russell (1877–1957)

Interpretieren eines Diagramms

Beim Interpretieren eines Diagramms solltest du Folgendes beachten:

1. Nenne zunächst die physikalischen Größen, zwischen denen ein Zusammenhang im Diagramm dargestellt ist!
2. Beschreibe die Art des Zusammenhangs zwischen den physikalischen Größen! Gehe auf wichtige Bedingungen ein, unter denen der Zusammenhang gilt!
3. Leite aus dem Zusammenhang zwischen den Größen Folgerungen ab!

Da sich die Leuchtkraft und die Temperatur von Stern zu Stern sehr stark unterscheiden, kann man die Achsen im Hertzsprung-Russell-Diagramm (HRD) nicht linear unterteilen (Bild 1).
Außerdem ist zu beachten, dass die auf der waagerechten Achse eingetragene Oberflächentemperatur von rechts nach links anwächst. Von diesen zwei Besonderheiten abgesehen, erfolgt die Arbeit im HRD ebenso, wie man sie von anderen Diagrammen bereits kennt.

Jeder Stern wird im HRD – entsprechend seiner Oberflächentemperatur und seiner Leuchtkraft – als Punkt abgebildet. Heiße, leuchtkräftige Sterne sind im HRD also links oben, kühle und schwach leuchtende Sterne rechts unten einzutragen.

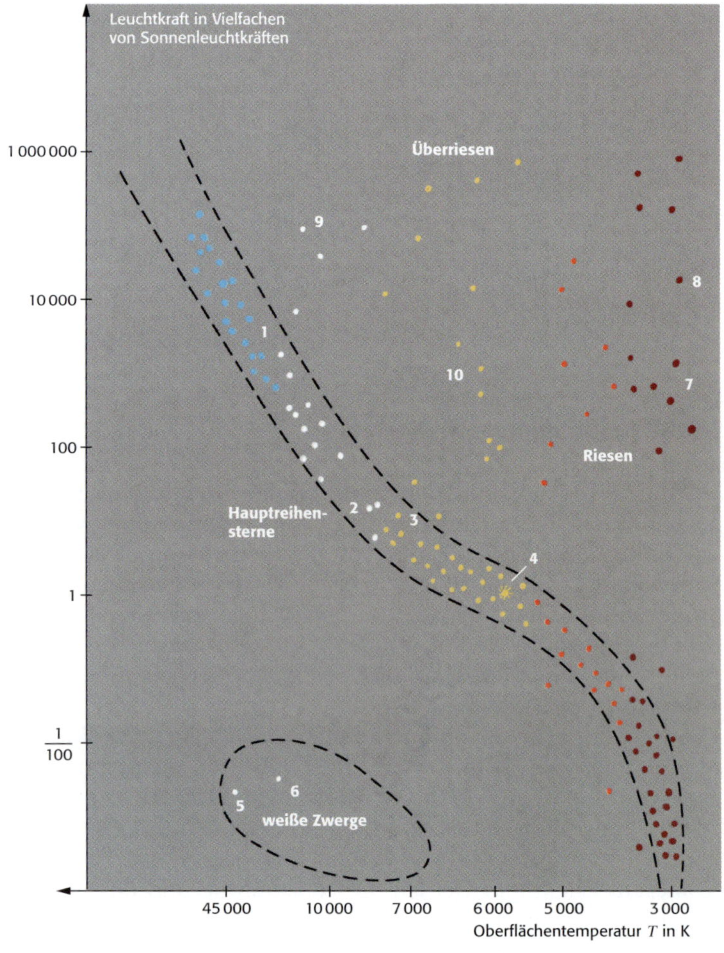

1 Das HRD als Temperatur-Leuchtkraft-Diagramm. In ihm sind u. a. folgende Sterne eingetragen:
1 Spica
2 Sirius A
3 Atair
4 Sonne
5 Sirius B
6 40 Eridani B
7 Mira
8 Antares
9 Rigel
10 δ Cephei

Beim Betrachten des HRD fällt sofort auf, dass bestimmte Kombinationen von Oberflächentemperatur und Leuchtkraft bevorzugt auftreten. Die Sterne häufen sich in bestimmten Gebieten, während andere Stellen des HRD nur sehr dünn oder gar nicht besetzt sind (Bild 1 und ↗ S. 134, Bild 1).

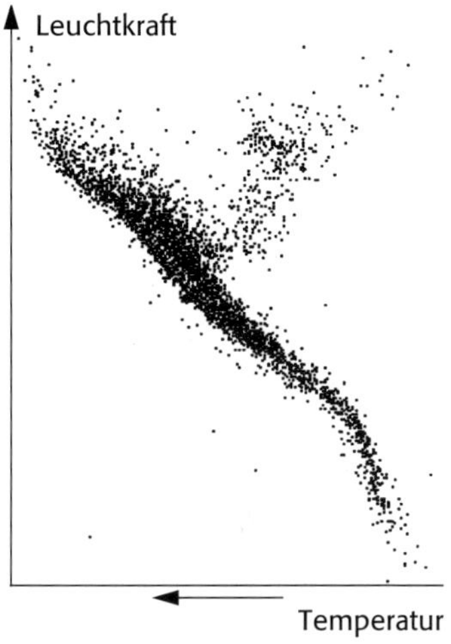

1 Das abgebildete HRD beruht auf 4902 Einzelsternen, deren Entfernung durch den Satelliten HIPPARCOS exakt bestimmt wurde. Es ist damit eines der besten HRDs, die es derzeit gibt.

Häufungsgebiete im Hertzsprung-Russell-Diagramm

Die Mehrheit der Sterne befindet sich auf der schräg durch das Diagramm verlaufenden **Hauptreihe**. Auch der Diagrammpunkt der Sonne ist auf der Hauptreihe einzuzeichnen. Man bezeichnet die Sonne und alle anderen zur Hauptreihe gehörenden Sterne als **Hauptreihensterne** (↗ S. 134, Bild 1).

Oberhalb der Hauptreihe ist ein Häufungsgebiet von Sternen erkennbar, die zwar die gleiche Oberflächentemperatur wie Hauptreihensterne besitzen, deren Leuchtkräfte jedoch wesentlich höher sind. Wenn zwei Sterne mit gleicher Oberflächentemperatur verschiedene Leuchtkräfte besitzen, dann ist der leuchtkräftigere auch der größere Stern. Oberhalb der Hauptreihe befinden sich also große Sterne, die sogenannten **Riesen**.
Auf gleiche Weise kann man schließen, dass das Häufungsgebiet unterhalb der Hauptreihe von sehr kleinen Sternen bevölkert ist. Diese Sterne nennt man **weiße Zwerge**.

Die Arbeit mit dem HRD

Man kann weder mit bloßem Auge noch mit Hilfe eines Fernrohres sofort entscheiden, ob ein bestimmter Stern ein Hauptreihenstern, ein Riese oder ein weißer Zwerg ist. Vielleicht gelingt es aber, von diesem Stern die Oberflächentemperatur und die Leuchtkraft zu ermitteln. Dann kann man ihn in das HRD einzeichnen und so unmittelbar erkennen, zu welchem Häufungsgebiet er gehört. Das HRD ermöglicht somit die Einordnung von Sternen.
Auch andere Anwendungen des HRD sind denkbar. Aus bestimmten Merkmalen der Sternspektren erkennt man neben der Oberflächentemperatur auch oft den Sterntyp. Ist ein Stern zum Beispiel als Hauptreihenstern identifiziert, dann kann man ihn ungefähr in das HRD einzeichnen, obgleich man seine exakte Leuchtkraft gar nicht kennt. Man trägt ihn entsprechend seiner Oberflächentemperatur einfach mitten zwischen die anderen Hauptreihensterne in das Diagramm und liest dann die ungefähre Leuchtkraft ab.

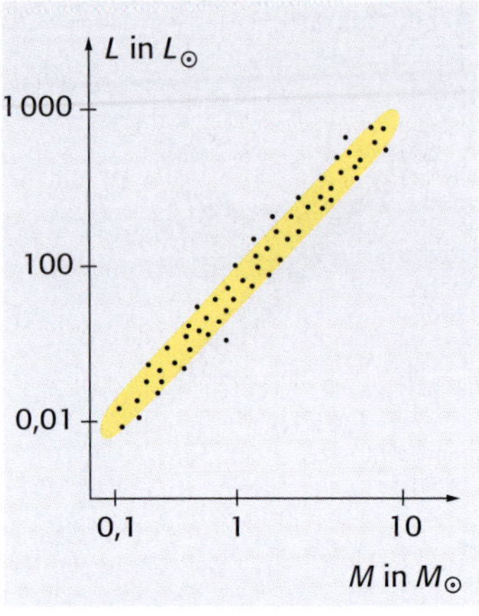

1 Zusammenhang zwischen Masse und Leuchtkraft von Hauptreihensternen

Weitere Zusammenhänge zwischen Zustandsgrößen

Werden die Massen von Hauptreihensternen in einem Diagramm gegen die Leuchtkräfte aufgetragen, erkennt man eine Abhängigkeit zwischen diesen Zustandsgrößen (Bild 1).
Die Leuchtkraft der Hauptreihensterne ist näherungsweise proportional zur dritten Potenz der Sternmasse. Ein Hauptreihenstern, dessen Masse doppelt so groß wie die eines anderen ist, strahlt mit der achtfachen Leuchtkraft (Bild 2).

> Die leuchtkräftigsten Hauptreihensterne besitzen die größte Masse.

Ein Zusammenhang existiert auch zwischen den Radien der Hauptreihensterne und ihren Massen.

> Die massereichsten Hauptreihensterne haben die größten Radien.

Diese Aussage ist übrigens keine Selbstverständlichkeit. Sterne sind Gaskugeln, die durch ihre eigene Schwerkraft zusammengehalten werden. Weil Gase aber zusammendrückbar sind, muss deshalb nicht zwangsläufig der massereichere Stern auch der größere sein.

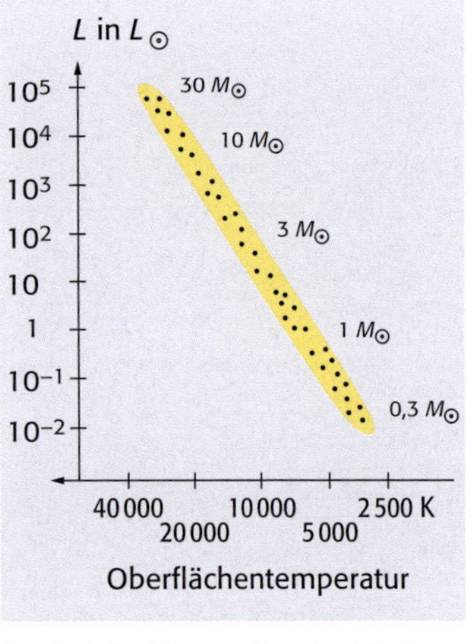

2 Auf der Hauptreihe des HRD sind die leuchtkräftigsten Sterne auch die mit der größten Masse.

Die Entwicklung der Sterne

Das Baumaterial, aus dem die Sterne entstehen, liefern ausgedehnte Gas- und Staubwolken, die sich an vielen Stellen im Weltall befinden. Sofern einige physikalische Bedingungen erfüllt sind, können sich diese Wolken infolge ihrer eigenen Schwerkraft zusammenziehen. Die Temperatur im Inneren der Wolke darf nur sehr niedrig sein, damit der nach außen gerichtete Gasdruck der Schwerkraft keinen ernsthaften Widerstand entgegensetzt. Man kann die Masse berechnen, die notwendig ist, damit eine Materiewolke zu schrumpfen beginnt. Dabei ergeben sich Werte, welche die Masse der Sonne unter Umständen um ein Tausendfaches übersteigen. Damit der Schrumpfungsvorgang einsetzt, bedarf es vielleicht auch noch einer zusätzlichen Anregung. Diese könnte durch Schockwellen erfolgen, die von einem Stern ausgehen, der in **unmittelbarer** Nähe der Wolke explodiert ist.
Während sich die Wolke zusammenzieht, wird sie immer heißer und dichter. Außerdem zerfällt sie in kleinere Teilwolken, in soge-

nannte **Fragmente**, die sich ihrerseits nun selbst verdichten. Erreicht die Temperatur im Zentrum einer solchen Teilwolke etwa 5 000 000 K, kommt die Kernfusion in Gang. Wasserstoff verschmilzt im Fusionsprozess zu Helium, im Inneren der Wolke wird Energie freigesetzt. Ein neuer Stern ist entstanden. Der gesamte Vorgang dauert nur wenige Hunderttausend bis Millionen Jahre. Da der gleiche Vorgang in vielen benachbarten Wolkenfragmenten gleichzeitig erfolgt, werden die Sterne nicht allein, sondern in regelrechten „Kinderstuben" geboren, den **jungen Sternhaufen**.
Trägt man Sterne, die sich in einem solchen jungen Sternhaufen befinden, in ein HRD ein, dann befinden sich fast alle auf der Hauptreihe. Nachdem die stürmische Phase ihrer Entstehung vorbei ist und die Wasserstofffusion eingesetzt hat, sind diese Sterne Hauptreihensterne.

1 Im Sternbild Orion kann man eine Gas- und Staubwolke beobachten, in der gerade neue Sterne entstehen. Den Orionnebel findet man am nächtlichen Sternhimmel etwa in der Mitte zwischen den Gürtel- und Fußsternen des Orion. Er ist der hellste aller auf der Nordhalbkugel beobachtbaren Gasnebel und deshalb auch mit bloßem Auge bei sehr klarem Wetter und völliger Dunkelheit als verwaschener Lichtfleck zu erkennen.

> Die Hauptreihe des Hertzsprung-Russell-Diagramms ist mit Sternen besetzt, die ihre Energie durch die Wasserstofffusion gewinnen.

Nicht jede Sterngeburt verläuft erfolgreich. Bei Objekten mit weniger als 0,08 Sonnenmassen setzt die Kernfusion nicht ein, weil sie beim Zusammenziehen nicht heiß genug und zu dicht geworden sind. Man nennt diese „missglückten" Sterne **braune Zwerge**. In den letzten Jahren gelang es mit Hilfe moderner Beobachtungsgeräte, einige braune Zwerge im Weltall zu entdecken.
Sollte eine verdichtete Gaswolke mehr als 80 Sonnenmassen enthalten, dann wird sie so heiß, dass der innere Druck die äußeren Hüllen des jungen Sterns regelrecht wegbläst. Der Stern verliert dadurch einen Teil seiner Masse.

> Weil eine untere und eine obere Massenschranke für die Sternentstehung existiert, besitzt die Hauptreihe im HRD ebenfalls eine untere und eine obere Grenze.

Sonnenähnliche Sterne verweilen etwa 10 Milliarden Jahre auf der Hauptreihe. In Sternen mit höheren Leuchtkräften sind die Wasserstoffvorräte bedeutend früher verbraucht. Sie sind im HRD ein Stück in Richtung des Häufungsgebietes der Riesen gewandert. Ihre weitere Entwicklung ist nun eng mit der Frage verknüpft, welche Energievorräte sie noch mobilisieren können.
Sterne mit mehr als 9 Sonnenmassen sind in der Lage, nach dem Wasserstoffbrennen aus weiteren chemischen Elementen durch Kernfusion Energie zu gewinnen. Diese Entwicklung geht solange, bis sich im Zentrum des Sterns ein Eisenkern1 gebildet hat.

2 In Gaswolken entstehen neue Sterne, die dann junge Sternhaufen bilden.

Entwicklungsweg eines Sterns mit einer Sonnenmasse

In der nachfolgenden Übersicht ist schematisch dargestellt, wie sich ein Stern mit der Masse unserer Sonne entwickelt. Skizziert ist hiermit zugleich ein charakteristischer Entwicklungsweg von Sternen.

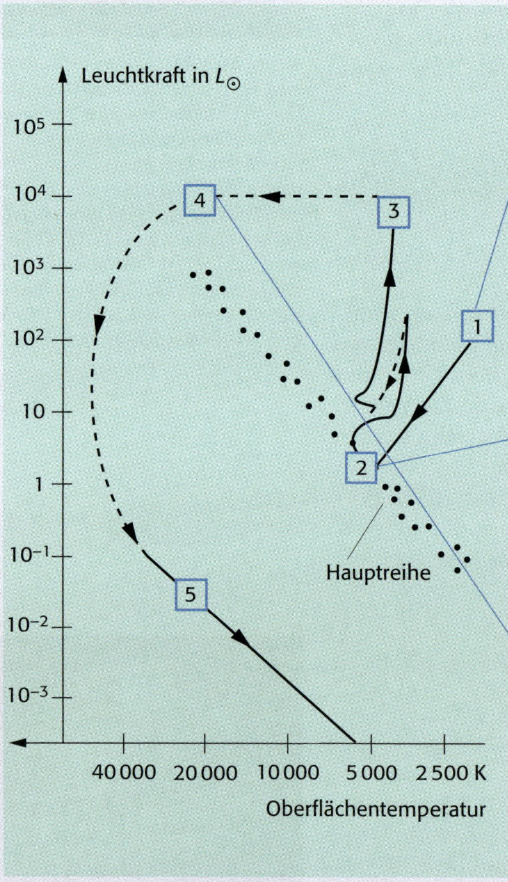

Die im Hertzsprung-Russell-Diagramm gekennzeichneten Bereiche bedeuten:

1 Sternentstehung in interstellaren Wolken
2 Zündung der Wasserstofffusion; der Stern befindet sich in einem offenen Sternhaufen
3 Entwicklung zum Riesen
4 Abstoßen der äußeren Hülle
5 Weißer Zwerg

1 Gas- oder Staubwolken sind die „Geburtsstätten" von Sternen.

2 Die Plejaden im Sternbild Stier sind ein typischer offener Sternenhaufen.

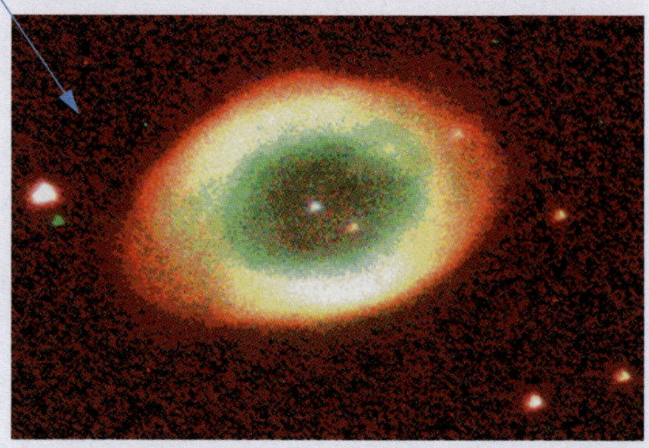

3 Planetarische Nebel sind abgestoßene Riesenhüllen.

Während sich im Inneren eine Schalenstruktur ausprägt, dehnen sich die äußeren Hüllen des Sterns aus. Er befindet sich jetzt im HRD weit oberhalb der Hauptreihe und ist zum **Riesen** geworden. Sternen mit weniger als neun Sonnenmassen gelingt ebenfalls die Zündung der Heliumfusion. Eine weitergehende Schalenstruktur baut sich in ihnen allerdings nicht mehr auf. Auch ihre Gashüllen vergrößern sich stark, so dass sie wie die massereicheren Sterne zu **Riesen** werden.

> Nach dem Verlassen der Hauptreihe entwickeln sich die Sterne zu Riesen.

Sehr massearme Sterne (M kleiner als 0,8 Sonnenmassen) besitzen wegen der Masse-Leuchtkraft-Beziehung extrem niedrige Leuchtkräfte. Sie gehen so sparsam mit ihrem Brennstoffvorrat um, dass sie seit ihrer Entstehung als Hauptreihensterne existieren und diesen Zustand auch noch für mehrere Milliarden Jahre beibehalten werden. Deshalb gibt es keinerlei Beobachtungsdaten über ihre späteren Entwicklungsphasen.
Während aus den Hauptreihensternen Riesen werden, ändern sich ihre Zustandsgrößen teilweise recht schnell. Die Sterne wechseln oft ihren Aufenthaltsort im HRD und durchlaufen gelegentlich Entwicklungsprozesse, in denen ihr inneres physikalisches Gleichgewicht Störungen unterliegt. Im HRD befinden sich verschiedene Typen von Riesen, deren Radien regelrechte Schwingungen um eine Gleichgewichtslage ausführen. Man nennt solche Sterne **Pulsationsveränderliche**.

Endstadien der Sternentwicklung

Massereiche Riesen mit einem Eisenkern im Innern beenden ihr Dasein spektakulär. Setzt die Eisenfusion ein, wird plötzlich Energie verbraucht. Dadurch sinkt die Temperatur im Stern sehr schnell. Er stürzt in sich zusammen. Dabei erhöht sich die Dichte auf Werte um $10^{14}\,g/cm^3$. Die Elektronen der Sternmaterie verschmelzen mit den Protonen der Atomkerne zu Neutronen. Es bildet sich eine nur wenige Kilometer große und extrem dichte Kugel aus Neutronen. Die äußeren Gashüllen des Vorläufersterns sind an diesem Vorgang nicht unmittelbar beteiligt. Sie stürzen zwar auch in Richtung Sternmittelpunkt, erreichen ihn aber nicht mehr rechtzeitig und treffen stattdessen auf den festen Neutronenkern oder energiereiche Schockwellen, die sich im Stern ausbreiten. Der Stern strahlt im gigantischen Lichtschein einer **Supernova** auf und erreicht dabei die Leuchtkraft von rund 10^9 Sonnenleuchtkräften.

1 Der Krebsnebel ist Rest einer Supernova. In chinesischen Chroniken wurde der Ausbruch im Jahre 1054 verzeichnet.
Während der Supernova bilden sich chemische Elemente, die höhere Kernladungszahlen als Eisen besitzen, zum Beispiel Uran.

1 Der Entwicklungsweg einzelner Sterne kann sehr unterschiedlich verlaufen.
Auch unsere Sonne wird in etwa fünf bis sechs Milliarden Jahren zunächst zu einem Riesen werden, dann ihre äußeren Gashüllen abstoßen und schließlich als weißer Zwerg das Endstadium ihrer Entwicklung erreichen.

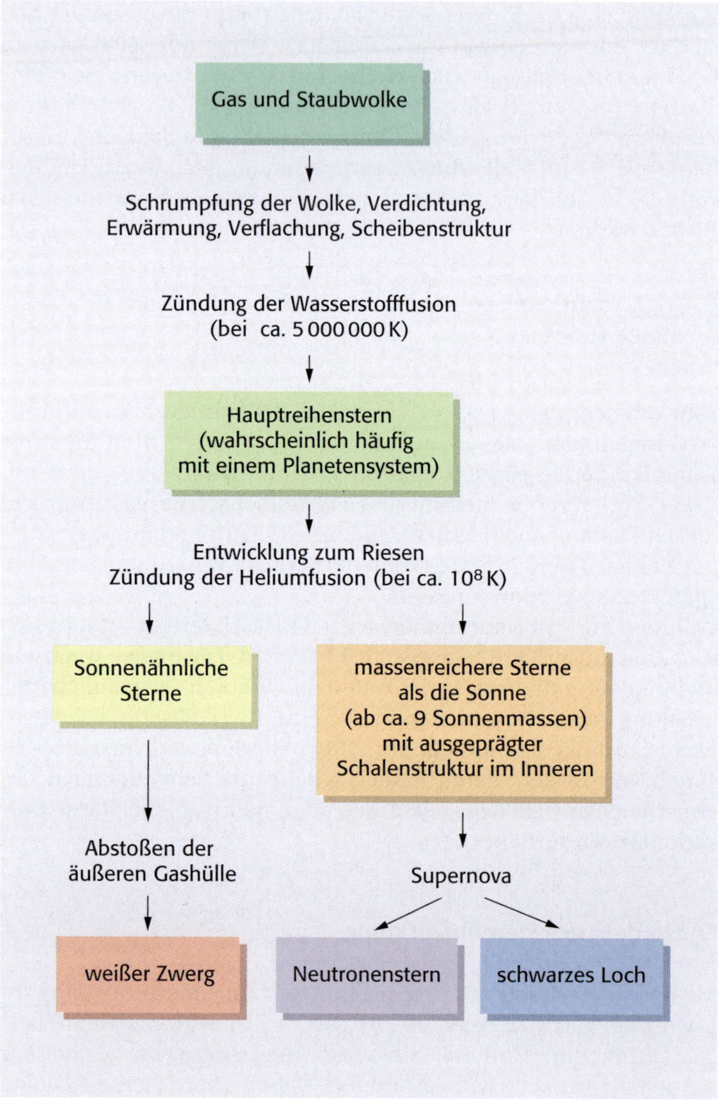

2 Um die Masse eines zuckerwürfelgroßen Stückes Neutronensternmaterie auszugleichen, würde man die Masse der gesamten Menschheit (ca. 6 Mrd. Menschen) benötigen.

Nur die kompakte Neutronenkugel überlebt die Explosion und tritt, der äußeren Gashülle entledigt, als **Neutronenstern** in Erscheinung. Möglicherweise entsteht bei sehr massereichen Sternen statt eines Neutronensterns ein noch kompakteres Objekt, das die Bezeichnung **schwarzes Loch** trägt. Seine Gravitationswirkung ist so intensiv, dass unter Umständen Himmelskörper, die ihm zu nahe kommen, regelrecht zerrissen werden. Selbst Licht vermag ein schwarzes Loch nicht zu verlassen.
Massearme Sterne entwickeln sich zu **weißen Zwergen**.

Riesen	Hauptreihensterne	weiße Zwerge	Neutronensterne
R bis 10^9 km	$R \approx 10^5$ km … 10^6 km	$R \approx 10^3$ km	$R \approx 10$ km
In den größten Sternen findet die Erdbahn Platz.	der Sonne vergleichbar	der Erde vergleichbar	der Ausdehnung von Berlin vergleichbar

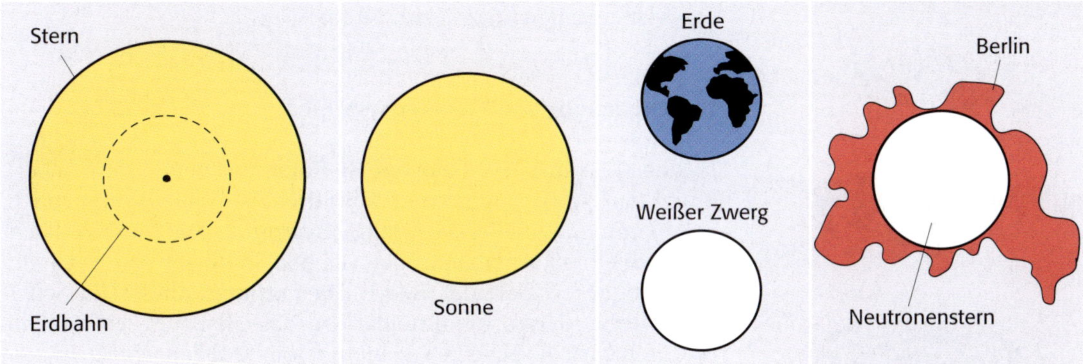

1 Die Radien von Sternen im Vergleich mit Objekten in unserem Sonnensystem und auf der Erde.

Durch das Studium der Sternentwicklung gelangt man zu einer wichtigen Einsicht über die Häufungsgebiete des HRD:

> Die Häufungsgebiete im HRD entsprechen wichtigen Etappen der Sternentwicklung.

Trotz wesentlicher Unterschiede bei massearmen und massereichen Sternen existieren auch bedeutsame Gemeinsamkeiten:

> – Die Entwicklung der Sterne ist eng mit der Energiefreisetzung verbunden.
> – Der Entwicklungsweg eines Sterns wird hauptsächlich durch seine Masse bestimmt.
> – Durch die Kernfusion verändert sich im Laufe der Zeit die chemische Zusammensetzung der Sternmaterie.

Der Materiekreislauf im Weltall

Die von den massereichen Sternen in das All abgegebene Materie steht erneut als Baumaterial zur Verfügung. Allerdings hat sich ihre chemische Zusammensetzung völlig verändert. Die „Sternasche“ ist mit schwereren Elementen als Wasserstoff und Helium „verunreinigt“. Die Existenz der Erde und auch der Menschen ist letztlich eine Folge dieser „Verunreinigung“. So besteht die feste Kruste

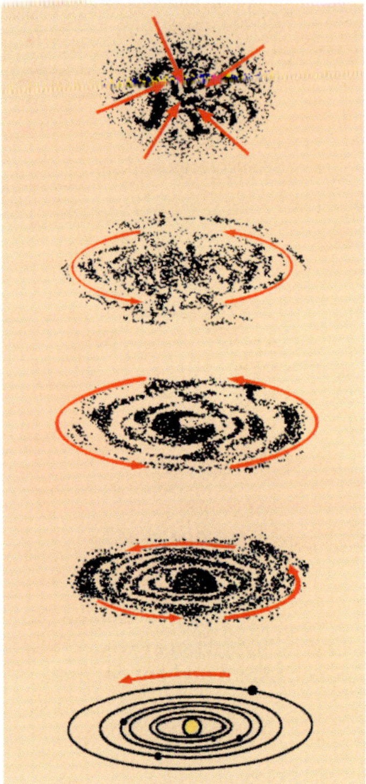

1 Die Entwicklung unseres Planetensystems nach heutigen Vorstellungen

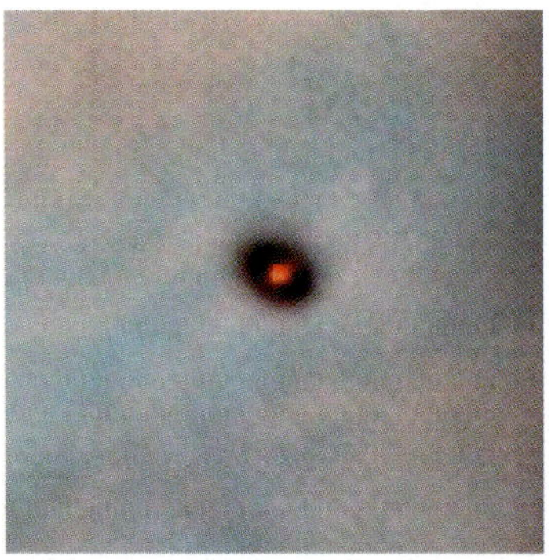

2 Mit dem Hubble-Weltraumteleskop wurden junge Sterne aufgenommen, um die sich möglicherweise die Geburt von Planeten vollzieht.

unseres Heimatplaneten zum überwiegenden Teil aus chemischen Elementen mit relativ hohen Ordnungszahlen im Periodensystem. Diese chemischen Elemente sind vor langer Zeit einmal in einem oder mehreren Sternen durch atomare Kernprozesse entstanden. Die Entwicklung der Sterne ist eng mit der Entwicklung der erdähnlichen Planeten und des Lebens verknüpft. Wir sind Teil eines kosmischen Materiekreislaufes.

Die Entstehung von Planetensystemen

In den Gas- und Staubwolken ist Rotationsenergie gespeichert. Stürzt eine Wolke zusammen, dann dreht sie sich erst allmählich, später immer schneller um ihren Schwerpunkt. Die Wolke verflacht dabei zu einem scheibenartigen Gebilde, in dessen Mitte sich der zukünftige Stern befindet (Bild 1). Die Fliehkraft hindert die Scheibenmaterie daran, unmittelbar in das Zentrum einzufallen. Dadurch wird die Scheibe zu einem relativ stabilen Objekt, in dem sich kleinere Materieklümpchen bilden können. Im Laufe der Zeit sammeln sich immer mehr dieser **Planetesimale** genannten Klümpchen in der Scheibenebene an. Kleinere Planetesimale bleiben an größeren hängen. Es entstehen die Keime der künftigen Asterioden und Planeten. Die ausgedehnten Objekte fegen ihre Scheibenumgebung regelrecht leer. Ist genügend Masse aufgesammelt, macht sich auch die Gravitationskraft bemerkbar, durch die eine Sogwirkung auf die noch ungebundene Materie entsteht.

Die Vorstellungen von der Entstehung der Planetensysteme konnte in den letzten Jahren durch viele Beobachtungen erhärtet werden. Man hat einige sehr junge Sterne entdeckt, die von Gas- und Staubscheiben umgeben sind (Bild 2). Viele Wissenschaftler gehen davon aus, dass sich in diesen Gebieten die Geburt von Planeten vollzieht.

Das Sonnensystem ist vor etwa 4,6 Milliarden Jahren entstanden. Offenbar konnten damals nur die schweren Elemente in der Nähe der Ursonne kondensieren, was zur Ausbildung der erdähnlichen Planeten im Innenbereich führte. Allerdings wiederholt sich dieser Vorgang bei anderen Planetensystemen wohl nicht immer exakt in der gleichen Weise. Seit einigen Jahren kennt man außer unserem auch noch weitere Planetensysteme im All (↗ S. 144, Aufgabe 17). Deshalb ist man in der Lage, zumindest die Anordnung der großen Planeten zu vergleichen. Während die Riesenplaneten unsere Sonne in größeren Entfernungen umlaufen, können sie sich in anderen Planetensystemen anscheinend sehr dicht bei ihrem Stern aufhalten. Offensichtlich sind die Planetensysteme nicht nach einem einheitlichen Muster gebaut.

Aufgaben

1. In der Tabelle sind die Entfernungen der fünf erdnächsten Sterne angegeben.

Stern	Entfernung in pc
Proxima Centauri	1,30
α Centauri B	1,35
α Centauri A	1,35
Barnards Stern	1,82
Lalande 21185	2,55

Berechne die trigonometrischen Parallaxen dieser Sterne!

2. Begründe, warum man den Radius der Erdbahn und nicht den Radius der Erde für die trigonometrische Entfernungsbestimmung der Sterne verwendet!

3. Berechne, wie lange das Licht benötigt, um vom Stern Proxima Centauri bis zur Erde zu gelangen!

4. Ermittle, welche Winkelgröße man sicher messen muss, damit man die Entfernung eines Sterns überprüfen kann, von dem man aus anderweitigen Überlegungen annimmt, dass er 50 pc von der Erde entfernt ist!

5. Im Jahre 1838 ermittelte der Astronom FRIEDRICH WILHELM BESSEL die erste Sternparallaxe. Er bestimmte für den Stern 61 Cygni den Wert von $p = 0{,}31''$. Wie weit ist 61 Cygni von der Erde entfernt?

6. Ordne die folgenden Entfernungsangaben entsprechend ihrer Größe! Rechne dazu alle Angaben in die Einheit pc um!
$4{,}7$ pc, 91 ly, 10^{18} m, $5 \cdot 10^7$ AE, 74 pc, $1{,}7 \cdot 10^{15}$ km.

7. Zeichne auf ein gesondertes Blatt Papier ein Hertzsprung-Russell-Diagramm, das du mit der zugehörigen Achseneinteilung im Maßstab 1 : 1 aus dem Lehrbuch S. 134 entnehmen kannst! Trage folgende Sterne in das HRD ein und entscheide, ob es sich um einen Hauptreihenstern, einen weißen Zwerg oder einen Riesen handelt!
$T = 6\,000$ K, $L = 1{,}1\ L_\odot$
$T = 3\,500$ K, $L = 150\ L_\odot$
$T = 11\,200$ K, $L = 80\ L_\odot$
$T = 6\,350$ K, $L = 25\,000\ L_\odot$
$T = 30\,000$ K, $L = 0{,}01\ L_\odot$

8. Von den folgenden Sternen sei bekannt, dass es sich um Hauptreihensterne handelt. Schätze die Leuchtkraft dieser Sterne ab, indem du sie (näherungsweise) in das bereits in der vorhergehenden Aufgabe erstellte HRD einzeichnest!
$T = 3\,800$ K, $T = 5\,500$ K, $T = 32\,000$ K, $T = 7\,500$ K.

9. a) Zeichne die Lage eines Hauptreihensterns in das HRD aus Aufgabe 7, der die 10fache bzw. 250fache Sonnenleuchtkraft besitzt!
   b) Welche Oberflächentemperatur müssten diese Sterne besitzen?

10. Gibt es einen eindeutigen Zusammenhang zwischen den folgenden Zustandsgrößen? Begründe deine Antwort!
   a) Masse und Leuchtkraft eines Hauptreihensterns,
   b) Farbe des Sternlichtes und Oberflächentemperatur eines Sterns,
   c) Oberflächentemperatur und Leuchtkraft eines Sterns,
   d) Radius, Leuchtkraft und Oberflächentemperatur eines Sterns,
   e) mittlere Dichte, Masse und Radius eines Sterns.

11. Skizziere in einem Diagramm den Zusammenhang zwischen der Masse und dem Radius von Sternen, gleiche mittlere Dichte vorausgesetzt. Interpretiere dein Diagramm!

12. Erkläre, weshalb die Hauptreihe im HRD an ihrem oberen und unteren Ende begrenzt ist!

13. Erläutere den Prozess der Sternentstehung aus interstellaren Wolken!

14. Welche der folgenden Aussagen gibt die richtige zeitliche Reihenfolge der physikalischen Prozesse wieder? Begründe deine Entscheidung!
   - Da im Verlauf der Sternentstehung die Kernfusion einsetzt, wird das Innere der Sterne auf hohe Temperaturen erhitzt.
   - Weil sich im Verlauf der Sternentstehung die Materie sehr stark erhitzt, kann die Kernfusion zünden, sofern der Wert von 5 Millionen Kelvin überschritten ist.

15. Nenne chemische Elemente, die sich nur im Verlauf einer Supernova-Explosion bilden können!

16. Erläutere die gegenwärtige Vorstellung von der Entstehung des Sonnensystems!
   Nenne Beobachtungsbelege, die diese Auffassung stützen!

17. Die nachfolgenden Skizzen zeigen unser Planetensystem und einige der inzwischen entdeckten anderen Planetensysteme mit bisher dort entdeckten Planeten im gleichen Maßstab.

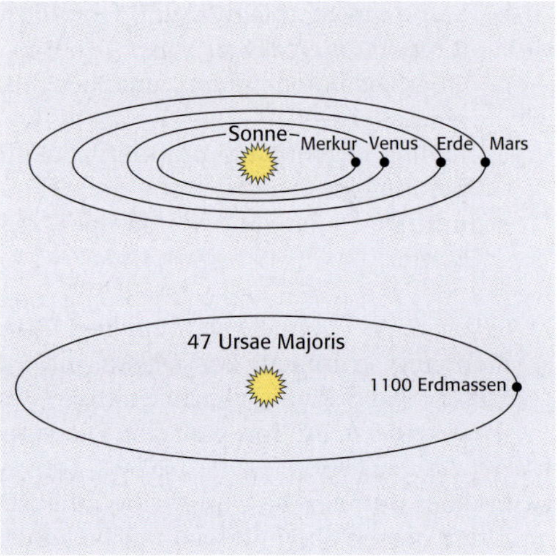

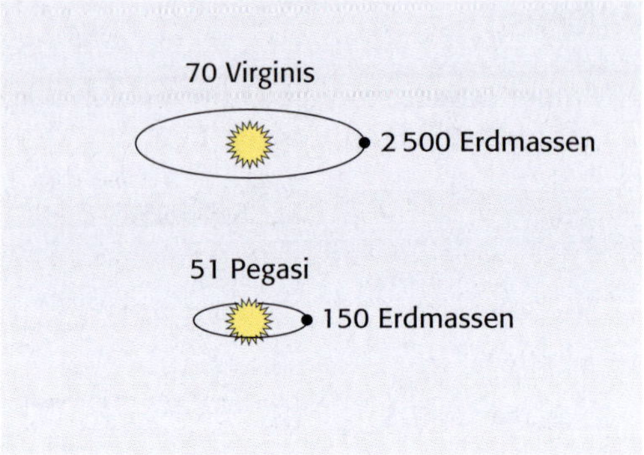

   Benenne Gemeinsamkeiten und Unterschiede zwischen unserem und anderen Planetensystemen!

18. Ermittle mit Hilfe der drehbaren Sternkarte eine günstige Beobachtungszeit für die Sterne Sirius, Beteigeuze und Rigel! Zu welchen Sternbildern gehören diese Sterne?

19. a) Beobachte die drei Sterne Sirius, Beteigeuze und Rigel abwechselnd und ermittle, welchen Farbeindruck das Licht jedes Objektes in deinem Auge hervorruft!
   b) Notiere, welcher der Sterne die niedrigste und welcher die größte Oberflächentemperatur besitzt! Begründe deine Entscheidung!

20. Zeichne auf ein weißes Blatt Papier das Sternbild Großer Wagen!
   Der mittlere Deichselstern des „Wagens“ (er heißt Mizar) besitzt einen unmittelbaren Nachbarn (Alkor).
   a) Beobachte den Stern Mizar und versuche, den lichtschwächeren Stern Alkor zu erkennen!
   b) Trage die Lage von Alkor in deine Sternbildzeichnung ein!
   c) Wähle eine starke Vergrößerung des Schulfernrohres und beobachte den Stern Mizar! Mizar erweist sich beim Blick durch das Fernrohr als Doppelstern!
   d) Skizziere die relative Lage der Sterne und kennzeichne Mizar in deiner Zeichnung!

Das Wichtigste im Überblick

Die **trigonometrische Entfernungsbestimmung** der Sterne erfolgt durch Messen der Parallaxe *p*.
Je kleiner die Parallaxe ist, umso weiter ist der Stern entfernt.
Es gilt:

$$r = \frac{1}{p}$$

Dabei bedeuten:
r Entfernung des Sterns in Parsec (pc)
p Parallaxe in Winkelsekunden

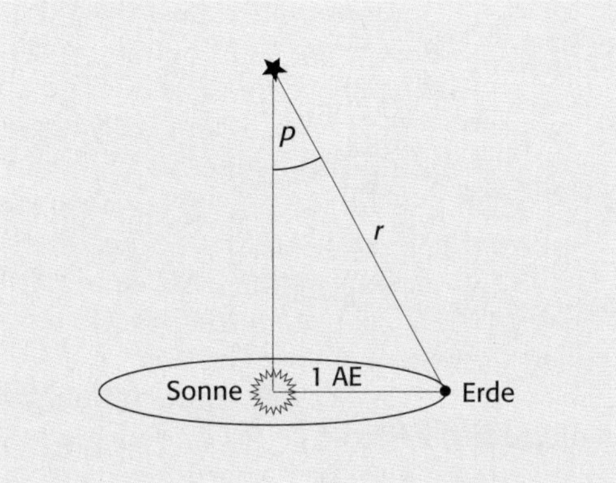

Sterne haben unterschiedliche Helligkeiten.
Die **scheinbare Helligkeit** gibt an, mit welcher Intensität das Licht eines Sterns zur Erde gelangt.
Die **absolute Helligkeit** ist die scheinbare Helligkeit, die ein Stern in 10 pc Entfernung haben würde.

Die **Leuchtkraft** ist die Strahlungsleistung des Sterns, also die pro Zeit vom Stern abgegebene Strahlungsenergie.

Wichtige **Zustandsgrößen** von Sternen sind neben der **Leuchtkraft** die **Masse**, der **Radius**, die **mittlere Dichte**, die **Oberflächentemperatur** und die **Spektralklasse**.

Diese Zustandsgrößen können von Stern zu Stern sehr unterschiedlich sein. So kann die **Temperatur** zwischen 3 000 K und 45 000 K liegen.

Die **Leuchtkraft** kann zwischen 1/1 000 und 1 000 000 Sonnenleuchtkräften betragen.

Die **Radien** von Sternen schwanken zwischen 10 km und 1 000 000 000 km.

Die **Spektralklassen** werden mit den Buchstaben **O** (hohe Temperatur), **B**, **A**, **F**, **G**, **K** und **M** (niedrige Temperatur) bezeichnet.

Wichtige Zusammenhänge zwischen Oberflächentemperatur und Leuchtkraft der Sterne sind im **Hertzsprung-Russell-Diagramm** (HRD) dargestellt. Häufungsgebiete von Sternen im HRD sind die **Hauptreihensterne**, die **Riesen** und die **weißen Zwerge**.

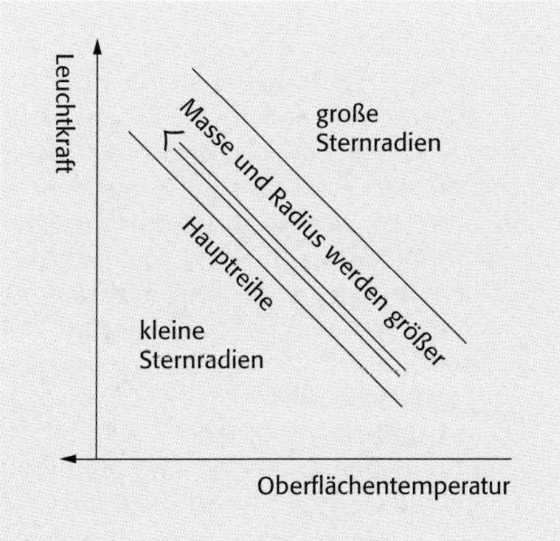

3.3 Unser Sternsystem und andere Sternsysteme

In einer sehr klaren, dunklen Nacht können wir nicht nur einige Tausend Sterne und einige Planeten sehen. Am Himmel ist auch das helle Band der Milchstraße zu beobachten, welches sich über die gesamte scheinbare Himmelskugel hinwegzieht. Mit bloßem Auge sehen wir die Milchstraße nur als einen feinen Schleier. Mit Teleskopen sind stattdessen unzählige einzelne Sterne zu beobachten.

Was für ein Gebilde ist die Milchstraße? Woraus besteht sie? Wie ist sie strukturiert? Gibt es eine Verbindung zwischen unserem Sonnensystem und der Milchstraße?

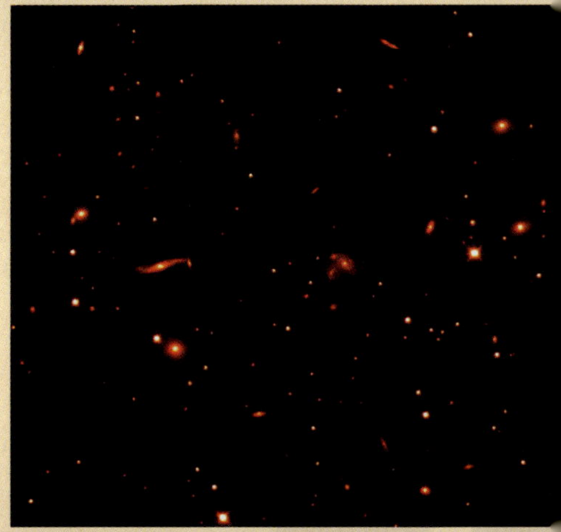

Moderne Großteleskope können die Strahlung von Objekten empfangen, die bis etwa 13 Milliarden Lichtjahre von der Erde entfernt sind. Fotografien dieser Himmelskörper sind Bilder aus einer weit zurückliegenden Vergangenheit. Sie zeigen, wie das Weltall vor 13 Milliarden Jahren ausgesehen hat.

Gab es damals schon die gleichen Himmelskörper? Welche Veränderungen sind in den letzten Milliarden Jahren erfolgt? Welche Beobachtungen ermöglichen es den Astronomen, Aussagen über die Entwicklung des Weltalls zu treffen?

Würde das Weltall seit unendlicher Zeit existieren, dann müsste die Entstehung der Sterne schon längst zum Erliegen gekommen sein, weil nicht unbegrenzt Baumaterial in Form der Gas- und Staubwolken zur Verfügung gestanden hätte. Alle Sterne wären inzwischen ausgebrannt und würden als dunkle Kugeln durch den Raum treiben. Augenscheinlich leben wir nicht in einem solchen Universum. Neben den Sternen kann man am Himmel auch zahlreiche Sternsysteme (Galaxien) beobachten.

Besteht das Weltall erst seit einer gewissen Zeit? Wann ist es entstanden? Wie viele Sternsysteme existieren in ihm? Wie wird es sich entwickeln?

Die Milchstraße – unser Sternsystem

Die Sterne sind nicht gleichmäßig verteilt (Bild 1). Auch wenn sie mitunter verstreut im Weltall anzutreffen sind, ordnen sie sich bevorzugt in großen Sternsystemen an, die man **Galaxien** nennt. In klaren Nächten sieht man das Band der **Milchstraße** am Himmelszelt (↗ S. 146).

Die Milchstraße ist das Sternsystem, in dem sich die Sonne befindet. Sie ist unsere **Galaxis**. Die Beobachtung der Milchstraße führt zu einer wichtigen Erkenntnis:

> Die Sterne sind in der Umgebung der Sonne in einer Ebene konzentriert. Sie befinden sich in einem scheibenförmigen Gebilde.

Unser Sternsystem dürfte für einen weit entfernten Beobachter das folgende Aussehen besitzen (Bild 2):

Die Sterne ordnen sich in einer **Scheibe** mit einem Durchmesser von ca. 30 000 pc an. Man darf sich diese Scheibe allerdings nicht als völlig ebenmäßiges Gebilde vorstellen. Nach neueren Untersuchungen ist sie, wohl durch Gravitationswechselwirkungen mit benachbarten Sternsystemen, an mehreren Stellen merklich verformt. Die Milchstraße besitzt ein **Zentralgebiet**, dessen Ausdehnung senkrecht zur Scheibenebene etwa 5000 pc beträgt. In der Mitte dieses Zentralgebietes sitzt ein extrem kompaktes und massereiches Objekt, wahrscheinlich ein **schwarzes Loch**. Die Sonne befindet sich, nur leicht aus der Mitte der Scheibenebene versetzt, unweit des Randes der Milchstraße. Die Scheibendicke der äußeren Regionen ist mit ca. 2000 pc wesentlich kleiner als in Zentrumsnähe. Die gesamte Scheibe ist von kugelförmigen Sternhaufen umschlossen, die den **galaktischen Halo** bilden.

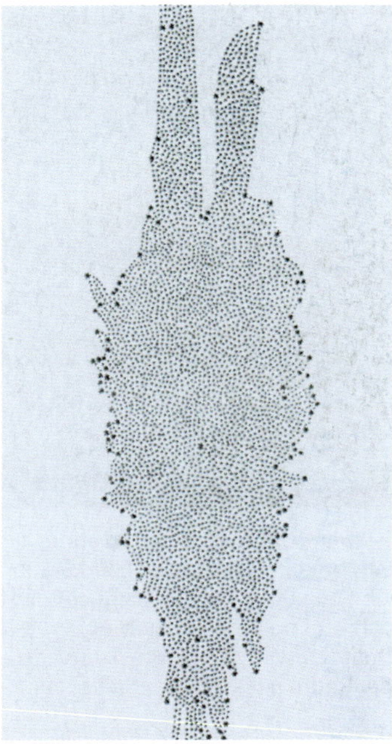

1 In Ergebnis von Sternzählungen ermittelte F. W. HERSCHEL (1738–1822) die Verteilung der Sterne in Sonnenumgebung. Damit entwickelte er zugleich eine erste Vorstellung vom Aufbau der Milchstraße.

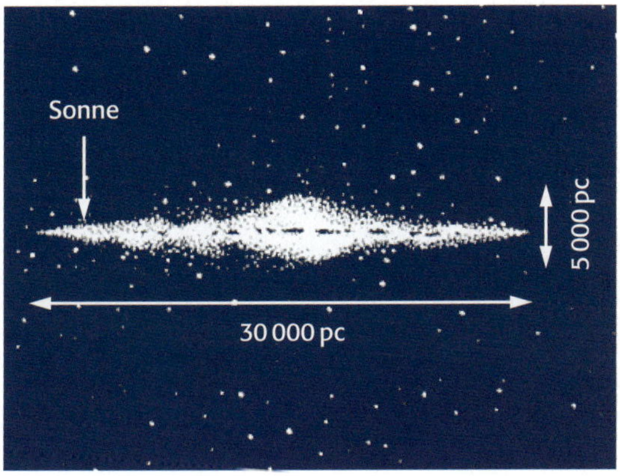

2 Wenn man „von außen" auf die Milchstraße (Galaxis) sehen könnte, würde sie je nach Blickrichtung wie eine Spirale oder wie eine Scheibe aussehen.

1 Das Foto zeigt eine Gas- und Staubwolke. Solche Gas- und Staubwolken verdecken die Sicht auf dahinter befindliche Sterne. Dadurch wird der Eindruck erweckt, der Raum sei an dieser Stelle leer.

Die Milchstraße ist in eine **Korona** genannte Hülle aus **dunkler Materie** gebettet, die noch weiter als der Halo in den Raum hinausreicht. In den letzten Jahrzehnten gab es immer wieder Spekulationen, wie groß die Masse der Korona tatsächlich ist und woraus sie bestehen könnte. Auch wenn bislang keine abschließende Klarheit über diese Fragen herrscht, dürften ausgebrannte Sterne und ausgedehnte Wasserstoffwolken niedriger Konzentration einen merklichen Anteil an der dunklen Materie besitzen.

Die Milchstraße besteht aus einer flachen Scheibe, in der das Zentralgebiet eingebettet ist, einem Halo und der das gesamte Sternsystem umhüllenden Korona.

Die Stabilität der Milchstraße ist ähnlich wie die des Sonnensystems gewährleistet. Die Sterne umkreisen das Zentrum und verhindern so, dass sie in den massereichen galaktischen Kern hineingezogen werden. Die Sonne benötigt für einen Umlauf etwa 250 Millionen Jahre. Das flache Aussehen der Milchstraße ist ebenfalls auf ihre Rotationsbewegung zurückzuführen.

Die Zusammensetzung der Milchstraße

Ein wichtiger Bestandteil unserer Galaxis ist die **interstellare Materie** (lat. die zwischen den Sternen befindliche Materie), die das gesamte Sternsystem erfüllt und in konzentrierter Form als **Gas- und Staubwolken** in Erscheinung tritt (Bild 1, 2). Hier entstehen beständig neue Sterne, die durch ihr Aufleuchten dafür sorgen, dass das Band der Milchstraße auch in einer fernen Zukunft nicht so schnell verblassen wird.
Gas- und Staubwolken besitzen verschiedene Leuchtformen. Sie reflektieren und streuen das Licht der Sterne und sind deshalb oft als helle Gebilde sichtbar. Ihre mittlere Dichte ist sehr gering.

2 Der Pferdekopfnebel im Sternbild Orion ist ebenfalls eine Staubwolke vor dem Hintergrund einer leuchtenden Gaswolke.

interstellares Gas:	Besteht zum überwiegenden Teil aus Wasserstoff
mittlere Dichte:	1 Wasserstoffatom pro cm^3
konzentriert in interstellaren Wolken:	10 bis 100 Wasserstoffatome pro cm^3

Da Sterne nicht allein, sondern in größeren Ansammlungen entstehen, kann man in der Milchstraße viele Regionen beobachten, in denen sie höher konzentriert als in der weiteren Umgebung auf-

1a Die Plejaden im Sternbild Stier (Bild links) sind ein typischer offener Sternhaufen.

1b Im Sternbild Tukan kann man den Kugelsternhaufen M 47 (Bild rechts) beobachten.

treten. Man nennt diese Gebilde **offene Sternhaufen** (Bild 1a). Offene Sternhaufen enthalten bis zu 1000 Sterne, deren Gesamtmasse jedoch zu gering ist, um sie über längere Zeiträume gravitativ aneinander zu binden. Während sich ein offener Sternhaufen um das Zentrum der Milchstraße bewegt, löst er sich allmählich auf. Schon nach wenigen Umläufen sind die Sterne zwischen den Sternen ihrer Umgebung verteilt. Man kann ihre einstige Zusammengehörigkeit dann kaum noch feststellen. Offene Sternhaufen sind also immer auch relativ junge Sternhaufen.

Die im Halo befindlichen **kugelförmigen Sternhaufen**, auch **Kugelsternhaufen** genannt, sind mit etwa 13 Milliarden Jahren die ältesten Objekte, die in der Galaxis entdeckt wurden (Bild 1b). Sie sind offenbar gleichzeitig mit ihr entstanden. Kugelsternhaufen bestehen mitunter aus einhundert Millionen Sternen. Diese gewaltige Zusammenballung von Masse bewirkt, dass sie im Gegensatz zu den offenen Sternhaufen sehr stabil sind und nur ganz langsam zerfallen. In der Umgebung der Sonne befindet sich pro Würfel mit der Kantenlänge von 2 pc in etwa immer ein Stern. Im Zentrum der Kugelsternhaufen halten sich mehr als 10000 Sterne in einem Volumen von einem Kubikparsec auf. Mitunter erfolgen deshalb relativ enge Sternbegegnungen, bei denen sich die Partner gegenseitig ihre äußeren Gashüllen entreißen.

Die Scheibe der Milchstraße besteht aus Sternen, die sich kurz nach ihrer Entstehung in offenen Sternhaufen befinden und interstellarer Materie, die besonders in Gas- und Staubwolken konzentriert ist. Der galaktische Halo wird aus sehr alten Kugelsternhaufen gebildet.

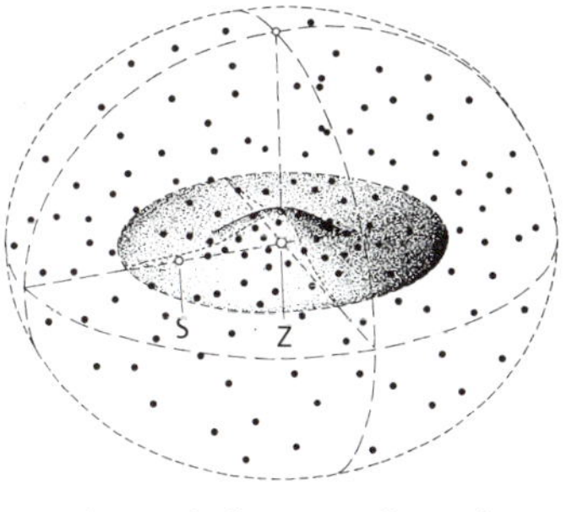

2 Schematische Darstellung der Milchstraße. Sie ist von Kugelsternhaufen (in der Skizze als Punkte markiert) umgeben.

1 Der Andromeda-Nebel ist eine Galaxie. Die historische Bezeichnung „Nebel" kommt dadurch zustande, weil man zunächst nur ein diffuses Gebilde beobachten konnte. Erst 1923 gelang es E. P. HUBBLE (1889–1953), einzelne Sterne in diesem „Nebel" nachzuweisen.

Andere Galaxien

Die Milchstraße stellt eine Art Insel im kosmischen Raum dar, innerhalb der sich die Entwicklung der Sterne vollzieht. Auf gleiche Weise geschieht dies in unzähligen anderen Sternsystemen.
Obwohl alle größeren Galaxien im Licht von vielen Milliarden Sternen erstrahlen, stellen sie für den irdischen Beobachter keine besonders auffälligen Leuchterscheinungen dar. Man kann am nördlichen Sternhimmel mit bloßem Auge den Andromedanebel wahrnehmen (Bild 1). Dazu ist allerdings eine völlig klare Nacht ohne den Einfluss störender Fremdlichtquellen erforderlich.
Obgleich es viele leuchtkräftige Galaxien gibt, sind sie am nächtlichen Himmel erst mit Hilfe von Teleskopen zu erkennen. Dieser scheinbare Widerspruch lässt sich nur auf eine Weise erklären: Offenbar ist der mittlere Abstand zwischen den Sternsystemen sehr groß. Der Andromedanebel ist rund 2,3 Millionen Lichtjahre von der Erde entfernt. Unter seinen Sternen befinden sich einige spezielle Pulsationsveränderliche, die sogenannten **Cepheiden**. Diese Sterne zeichnen sich durch eine wichtige Besonderheit ihres periodischen Helligkeitswechsels aus. Er dauert umso länger, je größer die Leuchtkraft eines Cepheiden ist. Aus der Beobachtung des Lichtwechsels eines Cepheiden, kann deshalb die Leuchtkraft und damit indirekt auch seine Entfernung ermittelt werden.
Wie man aus Himmelsdurchmusterungen weiß, sind Galaxien Objekte, die sich durch einen großen Formenreichtum auszeichnen (Bilder 1 und 2). Deshalb ist es naheliegend, die Sternsysteme nach ihrem äußeren Erscheinungsbild in verschiedenen Gruppen zusammenzufassen, sie zu klassifizieren (↗ Bild 1, S. 151).

2 Die Große Magellansche Wolke ist wie der etwa 2,3 Millionen Lichtjahre von uns entfernte Andromeda-Nebel eine Galaxie, die aus Millionen Sternen besteht.

Die meisten Galaxien ähneln der Milchstraße und bieten entweder den Anblick einer flachen, linsenförmigen Scheibe oder den eines kreisähnlichen Gebildes mit **Spiralarmen**. Das jeweilige Erscheinungsbild einer **Spiralgalaxie** (Bild 2) hängt offensichtlich nicht nur vom tatsächlichen Aussehen des Sternsystems ab, sondern wird entscheidend durch die zufällige Blickrichtung des Beobachters bestimmt.
Die Spiralarme bestehen aus sehr jungen und hellen Sternen. Ihr Licht überstrahlt das der älteren Sterne häufig so stark, dass der Eindruck entsteht, der zwischen den Spiralarmen befindliche Raum sei völlig leer. Tatsächlich handelt es sich hierbei aber nur um eine Täuschung.
Neben den Spiralgalaxien existieren noch zwei weitere Arten von Sterninseln: **elliptische Systeme und irreguläre Systeme** (Bild 1).
Bei den an der südlichen Himmelskugel sichtbaren Magellanschen Wolken (Bild 2, S. 150) handelt es sich um zwei typische Vertreter der irregulären Galaxien. Ihr „zerzaustes" Aussehen verdanken sie wahrscheinlich zu einem wesentlichen Teil der Gravitationskraft der Milchstraße. Irreguläre Sternsysteme zeichnen sich durch eine verstärkte Sternentstehung aus. In elliptischen Galaxien werden hingegen kaum noch neue Sterne geboren.
Die unterschiedlichen Strukturen und Formen der Galaxien kann man nicht auf wenige Ursachen zurückführen. Vielmehr muss ein ganzes Geflecht von Prozessen zur Erklärung herangezogen werden. Ein wichtiges Augenmerk der astronomischen Forschung liegt dabei auf der Gravitationswechselwirkung zwischen Bestandteilen eines Sternsystems und den Einflüssen, die eng benachbarte Galaxien aufeinander ausüben.

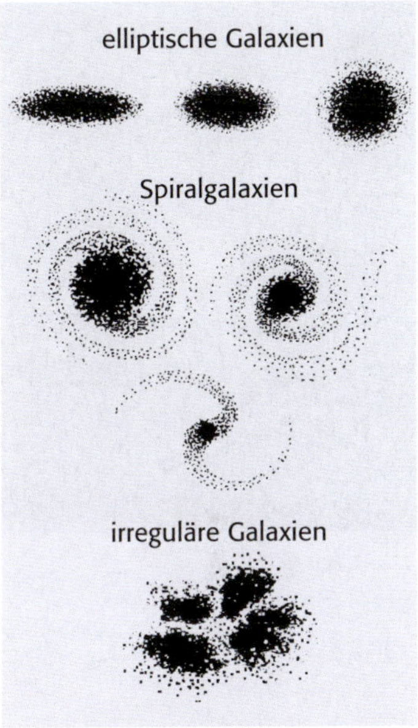

1 Einteilung von Galaxien nach ihrem äußeren Erscheinungsbild

2 Bei dieser Spiralgalaxie sind die Spiralarme deutlich zu erkennen.

1 Aktive Galaxie

Die Entwicklung der Sternsysteme

Moderne Großteleskope empfangen noch Licht von Galaxien, die mehr als 10 Milliarden Lichtjahre von uns entfernt sind. Die Bilder dieser Objekte zeigen die Sternsysteme so, wie sie vor Milliarden von Jahren ausgesehen haben und bieten somit die Möglichkeit, die Entwicklung der Galaxien vor langer Zeit zu erforschen.
Zu den frühen Entwicklungsstadien der Sternsysteme müssen offenbar **Quasare** gezählt werden. Quasare sind die am weitesten von uns entfernten Himmelskörper, die überhaupt nur deshalb noch auf der Erde wahrzunehmen sind, weil sie gigantische Leuchtkräfte besitzen. Es gibt Quasare, die etwa 100-mal heller als die lichtstärksten Galaxien strahlen. Gegenwärtig ist nur eine Energiequelle bekannt, die in der Lage wäre, eine solche Leuchtkraft hervorzurufen – ein **schwarzes Loch**, das Materie aus seiner Umgebung aufsaugt und diese dadurch zur Aussendung hoher Strahlungsmengen anregt. Allerdings ist noch unklar, woher die schwarzen Löcher stammen.
Wenn das schwarze Loch die Materie aus seiner Umgebung nahezu vollständig aufgenommen hat, verringert sich die Helligkeit des Quasars und er entwickelt sich wahrscheinlich zu einem kompakten Kern, der im Zentralgebiet vieler Spiralgalaxien – auch der Milchstraße – vorhanden ist. Als mögliche Zwischenstufen auf dem Entwicklungsweg von Quasaren zu „normalen“ Galaxien kommen verschiedene Typen **aktiver Galaxien** in Betracht (Bild 1).
Die nach dem Astronomen CARL K. SEYFERT (1911–1960) benannten **Seyfert-Galaxien** besitzen einen sehr hellen Kern, der das Licht der Sterne aus ihren Spiralarmen überstrahlt. Der Durchmesser dieses Zentralgebietes beträgt nur wenige Parsec. Es ist damit ähnlich wie ein Quasar gebaut. Eine weitere auffällige Gruppe von Sternsystemen bilden die **Radiogalaxien** (Bild 2), deren hervorstechendes Merkmal die Aussendung von intensiver Radiostrahlung ist. Die Quelle dieser Strahlung sind Materieströme, die mit hoher Geschwindigkeit aus den Sternsystemen austreten.

2 Die Galaxie NGC 5128 ist eine starke Quelle von Radiostrahlung.

Große Strukturen im All

Eine bedeutsame Eigenschaft des Weltalls ist seine innere Ordnung, die es hauptsächlich dem Wirken der Gravitationskraft verdankt. So fügen sich die Planeten und Monde in das Sonnensystem ein, das seinerseits ein Teil der Milchstraße ist.
Auch die Sternsysteme finden sich in größeren Ansammlungen zusammen, die man **Galaxienhaufen** nennt (↗ Bild 1, S. 153). Der Galaxienhaufen, zu dem die Milchstraße gehört, wird als **lokale Gruppe** bezeichnet. Die lokale Gruppe ist eine vergleichsweise

1 Das Foto zeigt einen Galaxienhaufen mit unterschiedlich geformten Galaxien.

unbedeutende Zusammenballung von Sternsystemen. Große Galaxienhaufen haben hunderte oder gar tausende Mitglieder.
Die Galaxien ordnen sich zellen- oder wabenförmig im Raum an. An den Überlappungsstellen einzelner Zellen befinden sich bevorzugt große Galaxienhaufen, während weiträumige Gebiete zwischen den Zellwänden nahezu leer sind (Bild 2).

Die Geburt des Weltalls

Astronomische Beobachtungen und Theorien ermöglichen Aussagen über die Entwicklung der verschiedensten Himmelsobjekte. Da jeder Bestandteil des Weltalls oder **Universums** offenbar eine eigene Entstehungsgeschichte besitzt, darf man mit Recht fragen, welchen Veränderungen die Welt in ihrer Gesamtheit unterworfen ist und wie sie vor langer Zeit einmal ausgesehen haben mag. Jahrhundertelang konnten darauf nur spekulative Antworten gegeben werden.
Eine entscheidende Entdeckung zur Beantwortung dieser Fragen gelang dem amerikanischen Astromomen E. P. HUBBLE (1889 bis 1952). Er fand heraus, dass sich alle weiträumig im All verteilten Sternsysteme voneinander entfernen und dabei einen Zusammenhang befolgen, der als **hubblesches Gesetz** bezeichnet wird.

Je weiter zwei Galaxien voneinander entfernt sind, desto schneller vergrößert sich auch ihr Abstand.

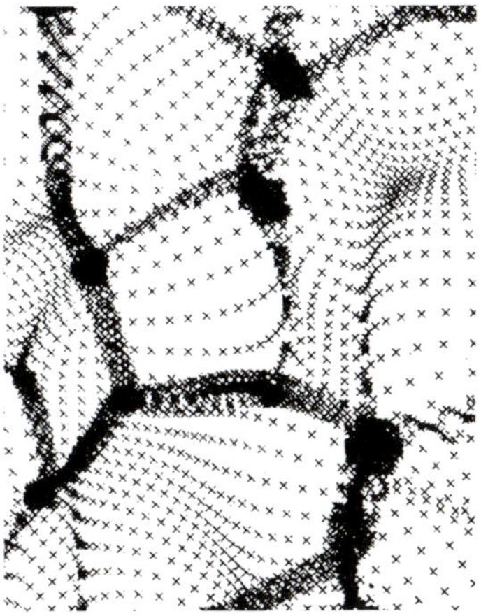

2 Großräumige Verteilung der Galaxien und Galaxienhaufen in einer „Wabenstruktur"

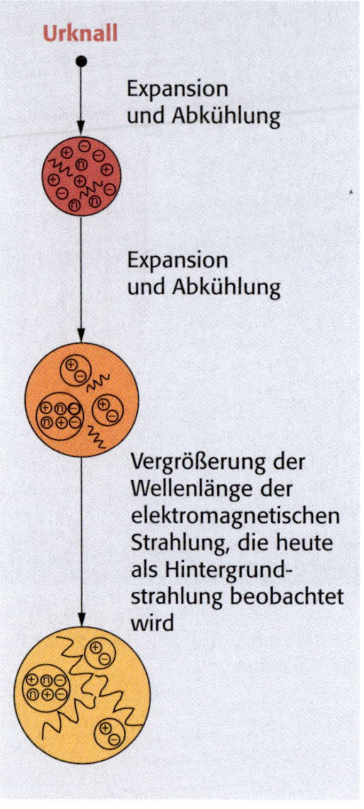

1 Die Entwicklung des Universums begann mit dem Urknall (Big bang).

Das hubblesche Gesetz wirft eine Reihe von Fragen auf, etwa:
Wieso entfernen sich die Galaxien voneinander? Wenn sie ihren Abstand beständig vergrößern, müssten sie sich dann nicht früher sehr dicht beieinander befunden haben? Wie sah das Weltall damals aus?
Gegenwärtig geht man davon aus, dass das Universum vor etwa 20 Milliarden Jahren in einer gewaltigen Explosion, dem sogenannten **Urknall**, geboren wurde (Bild 1). Mit dem Urknall begann die Ausdehnung des Weltalls, die bis heute in Form der Fluchtbewegung der Galaxien fortbesteht.
Kurz nach dem Urknall bestand das Universium aus einem extrem heißen Gemisch verschiedener Teilchen, aus denen alle bekannten elementaren Bausteine, wie Protonen, Neutronen oder Elektronen, hervorgegangen sind (Bild 1).
Wenige Millionen Jahre nach dem Urknall war die Welt ein dichtes Gemisch aus Elementarteilen und elektromagnetischer Strahlung. Mit der Abkühlung bildeten sich aus Protonen und Neutronen zunächst Kernteilchen, später durch Bindung von Elektronen die Atome. Mit der weiteren Ausdehnung des Universums konnte sich auch die Strahlung ungehindert ausbreiten. Es vergrößerte sich allmählich ihre Wellenlänge. Sie füllt heute das Weltall gleichmäßig aus und ist als sogenannte **3-K-Hintergrundstrahlung** der radioastronomischen Beobachtung zugänglich.
Aus Modellrechnungen ist zu entnehmen, dass sich während des Urknalls nur die chemischen Elemente Wasserstoff und, in geringem Umfang, Helium gebildet haben. Alle anderen Elemente sind erst später im Inneren der Sterne entstanden. In guter Übereinstimmung mit der Theorie stellen Wasserstoff und Helium die weitaus häufigsten Elemente im Universum dar.

Die Fluchtbewegung der Galaxien, die 3-K-Hintergrundstrahlung und die richtig vorhergesagte Elementhäufigkeit im Universum sind die wichtigsten Belege für die Theorie des Urknalls.

Trotz aller Erfolge sind noch viele Fragen zu den Frühphasen des Weltalls ungeklärt.

Leben im Universum?

Auf wie vielen Planeten der Milchstraße herrschen erdähnliche Bedingungen? Entsteht auf jedem dieser Planeten gesetzmäßig Leben? Gibt es Zivilisationen, die den gleichen oder einen höheren Entwicklungsstand als wir erreicht haben?

Diese Fragen beschäftigen nicht nur Astronomen. Jeder, der sich für die Ursprünge seiner Existenz und die Rolle der Menschheit im kosmischen Dasein interessiert, hat schon einmal über sie nachgedacht. Leider reicht unser Wissen derzeit nicht aus, um auch nur eine dieser Fragen befriedigend zu beantworten. Vorläufig kann man außerhalb des Sonnensystems nur sehr große Planeten um einige Sterne nachweisen. Es ist aber das erklärte Ziel der Astronomen, bald auch deren erdähnliche Geschwister ausfindig zu machen. Ob dort irgendwo intelligentes Leben existiert, ist ungeklärt. Man kann bisher nur mit Sicherheit sagen, dass es im Sonnensystem außer uns kein weiteres intelligentes Leben gibt. Intelligentes Leben, das Leben überhaupt, gehört mit Sicherheit zu den seltensten Erscheinungen im Weltall.

Astronomische Forschungen verdeutlichen einen weiteren Gesichtspunkt. In dem gigantischen Würfelvolumen, das die Erde umfasst (Bild 1), gibt es keinen weiteren Ort, an dem unsere Existenzbedingungen auch nur annähernd verwirklicht sind. Nur die Erde gewährt der Menschheit ihre Entwicklungsgrundlagen. Unser Heimatplanet ist genauso kostbar, wie jedes einzelne Leben.

Vielleicht ist dies auch der wichtigste Grund, Astronomie zu betreiben: Indem die Menschheit ihren Blick in die Tiefen des Universums richtet, lernt sie mehr über ihre Herkunft und Bedeutung, als sie es je könnte, wenn sie sich nur mit sich selbst beschäftigen würde.

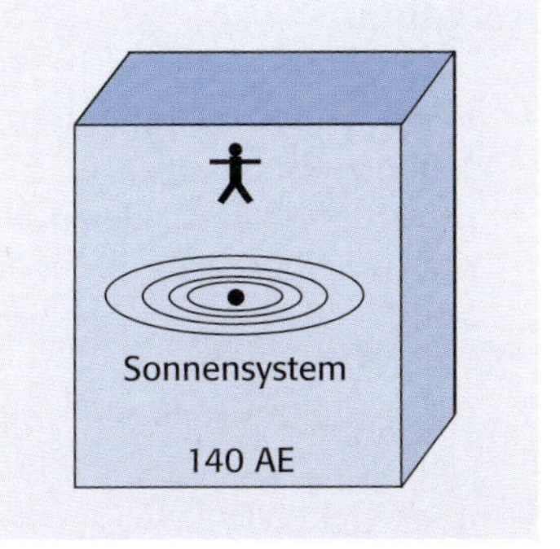

1 Wie selten intelligentes Leben ist, zeigt das obige Modell: Verteilt man die gegenwärtige Erdbevölkerung (ca. 6 Mrd. Menschen) gleichmäßig in dem Raum, von dem wir ganz sicher wissen, dass es außer Menschen keine intelligenten Lebewesen gibt, dann beträgt der Abstand zwischen zwei Menschen ca. 140 AE. Im Sonnensystem würde dann höchstens ein Mensch leben.

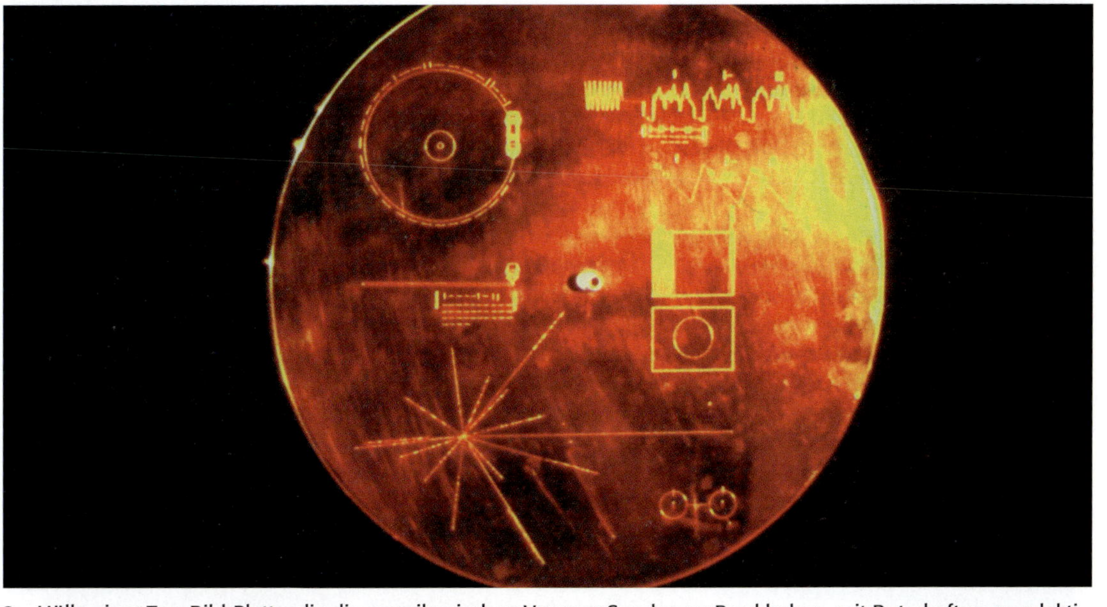

2 Hülle einer Ton-Bild-Platte, die die amerikanischen Voyager-Sonden an Bord haben, mit Botschaften an galaktische Zivilisationen, zu denen sie möglicherweise gelangen werden.

Aufgaben

1. Bei den meisten drehbaren Sternkarten ist die Milchstraße markiert.
   Ermittle mit Hilfe der drehbaren Sternkarte, durch welche Sternbilder die Milchstraße verläuft!

2. Die Abbildung unten zeigt einen Typ von Galaxien.
   a) Welchen Galaxientyp zeigt die Abbildung?
   b) Ordne die auf der Abbildung verzeichneten Buchstaben A–D den folgenden Begriffen zu!
      - Zentralgebiet,
      - Scheibe,
      - Gebiet, in dem sich junge und helle Sterne befinden,
      - Gas- und Staubwolken.

3. Der Andromedanebel ist ca. 2,3 Millionen Lichtjahre von der Erde entfernt. Gib diese Entfernung in Parsec und in Kilometern an!

4. Erkunde mit Hilfe von Nachschlagewerken, welche Galaxien zur lokalen Gruppe gehören!

5. Erläutere die grundlegenden Ansichten der Urknalltheorie über die Entstehung des Universums!

6. Nenne astronomische Beobachtungsergebnisse, die als Beleg für die Richtigkeit der Urknalltheorie gelten!

7. Informiere dich in Zeitschriften, Büchern oder im Internet über das Thema „Außerirdisches Leben“! Bereite dazu einen Vortrag oder ein Poster vor!

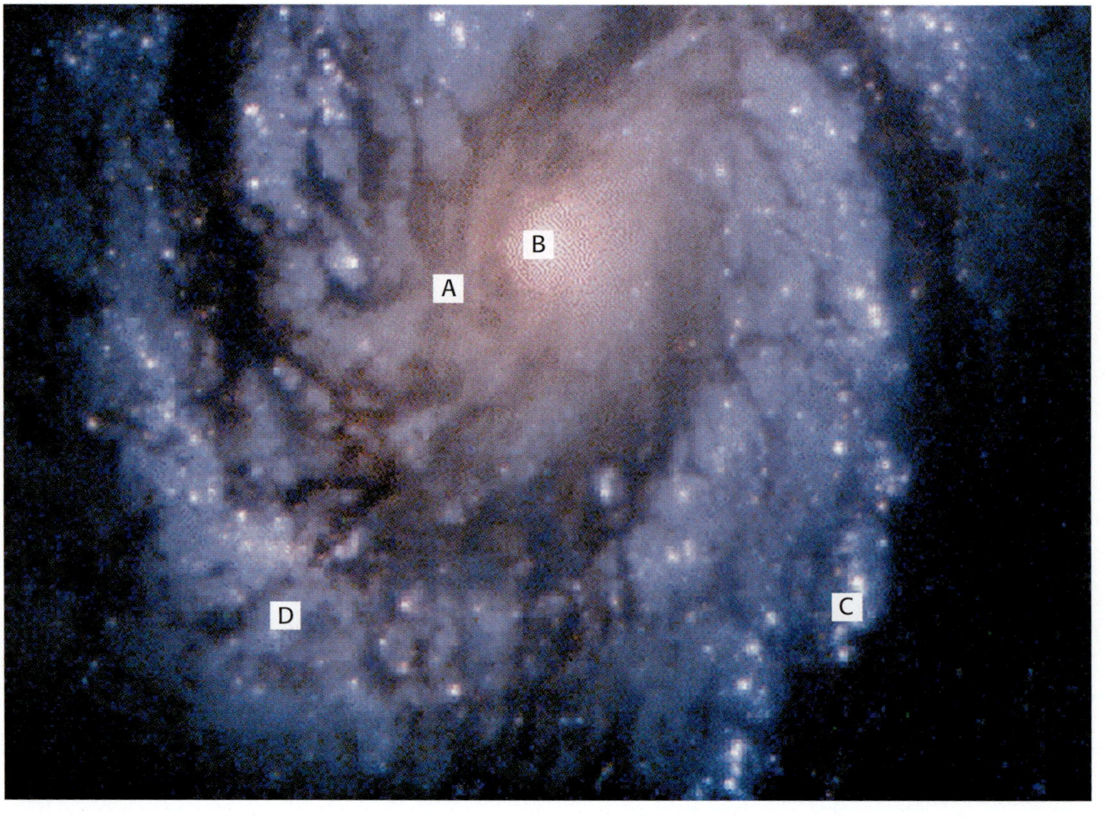

Das Wichtigste im Überblick

Sterne sind in Sternsystemen, den **Galaxien**, angeordnet.
Das Sternsystem, in dem sich unsere Sonne und alle Planeten des Sonnensystems befinden, ist die **Milchstraße** oder **Galaxis**.

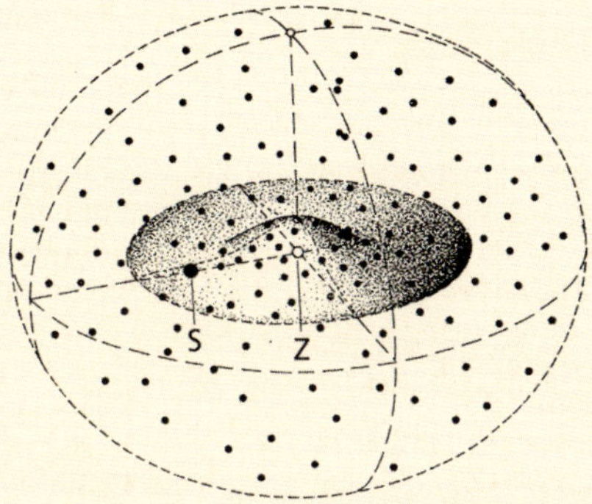

Das gesamte Sonnensystem rotiert um das Zentrum Z der Milchstraße. Die Sonne S mit dem Sonnensystem befindet sich in der Scheibenebene der Milchstraße.

Im Universum gibt es eine Vielzahl von Galaxien und Galaxienhaufen. Die „Geburt" und Ausdehnung des Weltalls begann mit dem **Urknall**.

Die nachfolgende Übersicht zeigt einerseits die zeitliche Entwicklung und andererseits die räumliche Struktur des Weltalls.

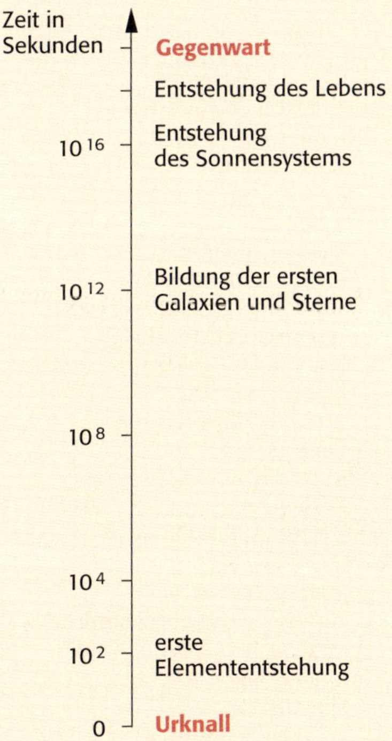

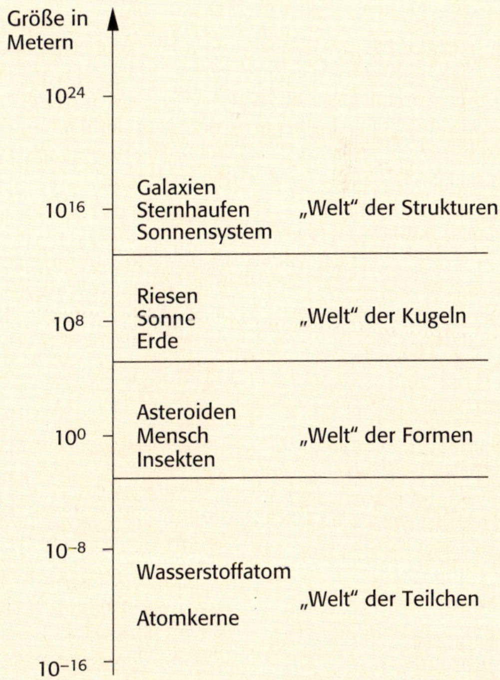

Register

Bildquellenverzeichnis

Anglo-Australian Observatory: 148/2; Archiv der Archenhold-Sternwarte Berlin: 8/1, 10/1, 11/1, 11/2, 12/1, 13/1, 14/1, 14/2, 15/1, 16/1, 16/2, 17/1, 17/2, 18/1, 18/2, 20/1a-b, 20/2a, 24/3, 32/1, 41/2, 59/1, 61/1, 61/2, 62/1, 62/2, 62/3, 63/1, 63/2, 63/3, 63/4, 66/1, 66/2, 66/3, 90/1, 90/2, 90/3, 94/1, 108/1a-b, 111/2, 112/1, 133/1, 133/2, 146/3, 147/1; Archiv des PAETEC Verlages für Bildungsmedien: 8/2, 12/2, 13/2, 15/2, 19/1, 20/2b, 28/2, 30/1, 30/3, 38/1, 38/3, 43/1, 60/1, 81/4, 86/1, 87/1, 109/1, 109/2, 110/2, 111/1, 115/2, 117/1, 119/1a-b, 120/1, 122/1, 124/3, 132/2, 147/2; Celnik, W. E., D. Sporenberg, H. G. Weber: 131/2; Chip Clark: 110/1; Corel Photos: 9/1a, 24/2, 84/2, 85/1, 114/1, 114/2; Deutsche Forschungsanstalt für Luft- und Raumfahrt: 78/2; Hubert Bossek, Berlin: 79/2a-b, 81/3; Europäische Südsternwarte (ESO): 21/1, 31/2, 124/2, 125/1, 149/1b, 150/2; Hale-Observatories: 138/2, 149/1a; Dieter B. Herrmann, Berlin: 10/2, 28/3; Lick Observatory, Santa Cruz: 139/1; Lothar Meyer, Potsdam: 38/2, 74/3a-b, 116/1; NASA/JPL/RPIF/DLR: 7/1, 21/3a, 24/1, 25/1, 58/1, 58/2, 58/3, 64/1, 65/1, 70/1, 70/2, 79/1, 91/1, 91/2, 92/1a-b, 93/1, 93/2, 94/2a-b, 95/1, 96/1a-b, 96/2, 97/1, 97/2, 97/3, 98/2, 99/1, 99/3, 100/1, 100/2, 101/1, 102/1, 102/2, 102/3, 103/1, 103/2, 103/3, 103/4, 103/5, 104/1, 104/2, 104/3, 106/1, 106/2, 107/2; NASA: 108/2a, 114/3, 120/2, 121/1, 137/2, 138/1, 142/2, 148/1, 152/1, 152/2, 155/2, 156/1; Max-Planck-Institut für Radioastronomie, Bonn : 35/1; Österreichische Nationalbibliothek Wien: 8/3; Peter Stettmayer, München: 61/3; Pokorenije Kosmosa, Moskva 1972: 84/1, 85/2; Bernd Raum, Neuenhagen: 44/1a-d; Oliver Schwarz, Gotha: 78/1; PhotoDisc, Inc.: 21/2, 21/3b, 25/2, 57/1, 74/1, 74/2, 75/1, 83/1, 83/2, 107/1 (bearbeitet), 113/1, 118/1, 124/1, 146/1; Sky and Telescope 65 (83) 49: 153/2; Universitätssternwarte Bonn, Martin Altmann: 25/3, 25/4, 106/3, 137/1, 138/3, 146/2, 151/2, 153/1; Universitätssternwarte Bonn, Klaus Bagschik: 33/1, 33/2; US Naval Observatory: 150/1.

Trotz größter Sorgfalt konnten die Urheber bwz. die Rechtsinhaber des Bildmaterials nicht in allen Fällen ermittelt werden. Wir bitten gegebenenfalls höflichst um Mitteilung an den Verlag.

Titelbild: NASA/JPL/RPIF/DLR (bearbeitet)

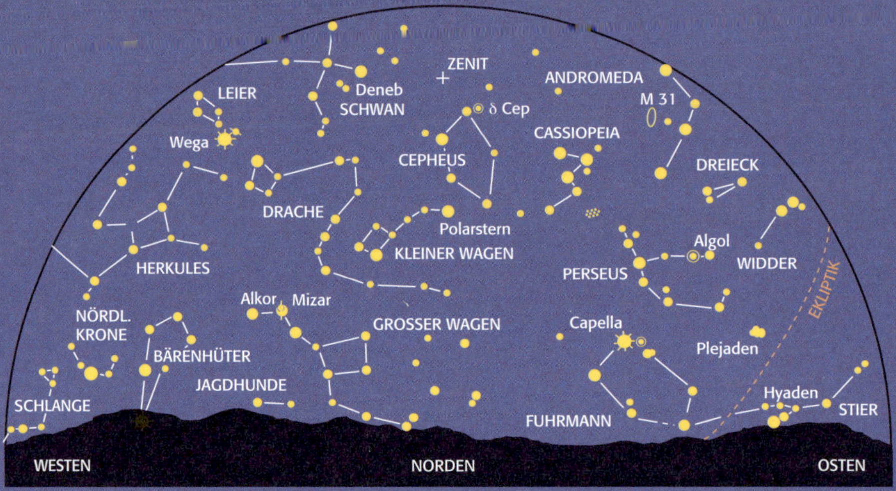

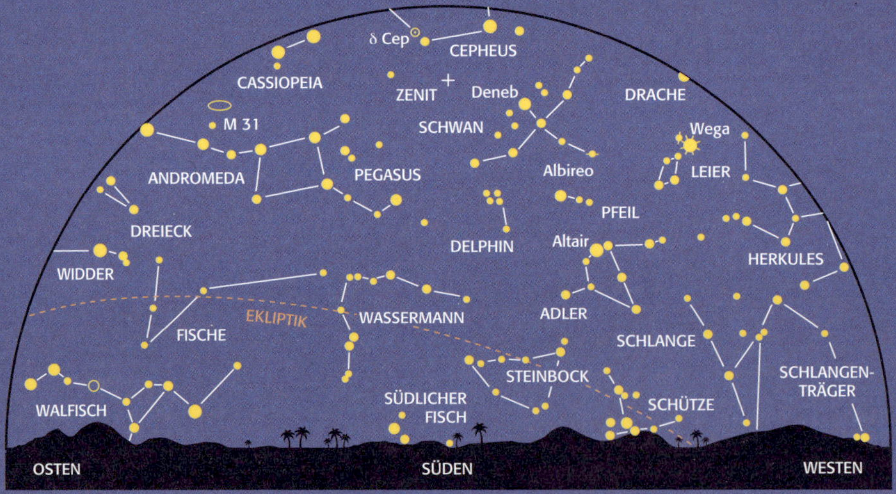

Sternhimmel im September
(15. September, 22 Uhr)